# 河湖
# 生态治理与旅游

余学芳　编著

中国水利水电出版社
www.waterpub.com.cn
·北京·

# 内 容 提 要

本书围绕河（湖）长管理河湖需要具备的基础知识，运用生态学的概念，形成河湖生态系统治理的理论和技术，并结合水利风景旅游、美丽乡村建设等内容，在生态系统治理的基础上，将河湖打造成重要的水利风景旅游区。全书共分五章，包括生态系统概论、河湖生态系统健康评价、河湖生态系统治理模式与技术、水利旅游景区规划、河湖生态治理与景区规划案例。

本书除作为高等学校水利类、土建类本科生的交叉学科教材外，也可作为河长培训教材，还可供其他相关专业及有关工程技术人员参考。

## 图书在版编目（CIP）数据

河湖生态治理与旅游 / 余学芳编著. -- 北京 ：中国水利水电出版社，2023.6(2024.7重印).
ISBN 978-7-5226-1245-4

Ⅰ. ①河… Ⅱ. ①余… Ⅲ. ①河流－生态环境－环境治理－研究②湖泊－生态环境－环境治理－研究③滨海旅游－研究 Ⅳ. ①X52②F590.75

中国国家版本馆CIP数据核字(2023)第101930号

| 书　　名 | **河湖生态治理与旅游**<br>HEHU SHENGTAI ZHILI YU LÜYOU |
| --- | --- |
| 作　　者 | 余学芳　编著 |
| 出版发行 | 中国水利水电出版社<br>（北京市海淀区玉渊潭南路1号D座　100038）<br>网址：www.waterpub.com.cn<br>E-mail：sales@mwr.gov.cn<br>电话：(010) 68545888（营销中心） |
| 经　　售 | 北京科水图书销售有限公司<br>电话：(010) 68545874、63202643<br>全国各地新华书店和相关出版物销售网点 |
| 排　　版 | 中国水利水电出版社微机排版中心 |
| 印　　刷 | 天津嘉恒印务有限公司 |
| 规　　格 | 184mm×260mm　16开本　12.25印张　298千字 |
| 版　　次 | 2023年6月第1版　2024年7月第2次印刷 |
| 印　　数 | 1201—2200册 |
| 定　　价 | **58.00元** |

# 前　言

2016 年 10 月 11 日，中央全面深化改革领导小组审议通过了《关于全面推行河长制的意见》，会议强调，保护江河湖泊，事关人民群众福祉，事关中华民族长远发展。全面推行河长制，目的是贯彻新发展理念，以保护水资源、防治水污染、改善水环境、修复水生态为主要任务，构建责任明确、协调有序、监管严格、保护有力的河湖管理保护机制，为维护河湖健康生命、实现河湖功能永续利用提供制度保障。河长制的组织形式要求全面建立省、市、县、乡四级河长体系。各省（自治区、直辖市）设立总河长，由党委或政府主要负责同志担任；各省（自治区、直辖市）行政区域内主要河湖设立河长，由省级负责同志担任；各河湖所在市、县、乡均分级分段设立河长，由同级负责同志担任。县级及以上河长设置相应的河长制办公室，具体组成由各地根据实际确定。

2017 年 11 月 20 日，十九届中央全面深化改革领导小组审议通过《关于在湖泊实施湖长制的指导意见》（以下简称《意见》）。《意见》中指出湖泊是江河水系的重要组成部分，是蓄洪储水的重要空间，在防洪、供水、航运、生态等方面具有不可替代的作用。长期以来，一些地方围垦湖泊、侵占水域、超标排污、违法养殖、非法采砂，造成湖泊面积萎缩、水域空间减少、水质恶化、生物栖息地破坏等问题突出，湖泊功能严重退化。在湖泊实施湖长制是贯彻党的十九大精神、加强生态文明建设的具体举措，是关于全面推行河长制意见提出的明确要求，是加强湖泊管理保护、改善湖泊生态环境、维护湖泊健康生命、实现湖泊功能永续利用的重要制度保障。要推进湖泊系统治理与自然修复，着力提升生态服务功能。开展湖泊健康状况评估，系统实施湖泊和入湖河流综合治理，有序推进湖泊自然修复。加大对生态环境良好湖泊的保护力度，开展清洁小流域建设，因地制宜推进湖泊生态岸线建设、滨湖绿化带建设和沿湖湿地公园建设，进一步提升生态功能和环境质量。加快推进生态恶化湖泊治理修复，综合采取截污控源、底泥清淤、生物净化、生态隔离等措施，加快实施退田还湖还湿、退渔还湖，恢复水系自然连通，逐步改善湖泊水质。

根据《意见》，各地区各有关部门全面落实工作任务，对所有地区的河流、湖泊、水库、山塘等全面实施"河长制"。各省（自治区、直辖市）设立总河长，由党委或政府主要负责同志担任，全面建立省、市、县、乡四级河长体系。浙江省率先以立法的形式出台了《浙江省河长制规定》。

河（湖）长制提出了河湖治理的总体目标和基本措施，因地制宜实施"一河（湖）一策"，有针对性地确定治水方案；树立了上下游共同治理、标本兼治的联动机制；将"河（湖）长"治理河道的情况作为政绩考核的一项重要内容，实行"一票否决"。"河（湖）长制"的建立，为科学理性地实现和推进这些目标、措施提供了可能。

"河（湖）长制"最大程度地整合了各级政府及有关部门的执行力，弥补了早先工业污染归环保部门、河道保洁归水利部门、生活污水归城建部门的"九龙治水"治理局面，形成了政府牵头、各部门行动、全民参与的治水、护水生态链。

河（湖）长制的内涵和外延、工作内容和工作流程、制度和规范等都需要进行系统研究总结梳理，通过编写教材，并进行专业培训示范实践，总结、提炼河（湖）长制的各项工作，提高河（湖）长的履职能力，更好地推行河（湖）长制。

《河湖生态治理与旅游》是运用生态学的概念，形成河湖生态系统治理的理论和技术，并结合水利风景旅游、美丽乡村建设等内容，新组建的一门跨学科课程。本书为今后从事或正在从事河（湖）长管理工作的专业技术人才需要具备的基础知识，对生态系统概况、河湖生态系统健康评价、河湖生态系统治理技术、水利旅游景区规划、河湖生态治理和景区规划案例主要内容进行了介绍。本书中的河湖包括河流、湖泊、水库和山塘（塘坝、池塘），其中水库和山塘（塘坝、池塘）可归入到湖泊。

全书共分5章，包括：第1章 生态系统概论，包括生态系统的结构和基本功能、河湖化学环境及生态系统的组成、河湖生态系统治理的内容；第2章 河湖生态系统健康评价，包括河湖生态建设的含义和河湖生态健康评价；第3章 河湖生态系统治理模式与技术，包括河湖治理模式和治理技术；第4章 水利旅游景区规划，包括水利旅游的理论基础、水利旅游的概念与发展历程、水利风景区的概念与分类、水文化概论、水文化规划、水利风景区规划；第5章 河湖生态治理与景区规划案例。

本书由余学芳（浙江水利水电学院）主编，在本书编写过程中得到了高礼洪（中国电建集团华东勘测设计研究院有限公司）、陈茹和朱浩川［上海市城市建设设计研究总院（集团）有限公司］、宗兵年和韦联平（上海同瑞环保科技有限公司)、张浩（北京市水利规划设计研究院）、白福青、姜利杰、严爱兰、杨乐和竺一帆（浙江水利水电学院）、姜韩英和蒋小伟（海盐县水利局）等的关心和支持，还得到了中国水利水电出版社编辑们的关怀和帮助。在此向他们表示由衷的感谢。

限于作者水平和时间限制，书中难免存在不足乃至谬误之处，敬请批评指正。

编者

2022 年 12 月于杭州

# 目　　录

# 第 1 章　生态系统概论

## 1.1　生态系统的结构

### 1.1.1　概念

生态系统这一概念是由英国生态学家 A. G. Tansly 首先提出的。生态系统可划分为个体、种群、群落和生态系统四个结构层次，生态系统的范围可大可小，相互交错，地球最大的生态系统是生物圈，见图 1-1。生态系统中的生物个体是指一定环境条件下，具有生命的个体，包括动物和植物；生物种群是指在一定时间内占据一定空间的同种生物的所有个体；生物种群是物种存在的基本单位，是生物群落或生态系统的基本组成部分。生态系统中的生物群落指一定空间内，生活在一起的各种动物、植物或微生物的集合体。

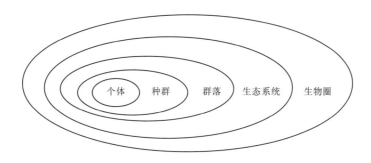

图 1-1　生态系统的结构层次

所谓生态系统，指在自然界的一定的空间内，由生物群落及其无机环境构成的统一整体。各组成要素之间依靠物种流动、能量流动、物质循环、信息传递和价值流动而相互联系、相互制约，形成具有自我调节功能的复合体。

生态系统具有自然整体性（有机体与环境不可分割），在任何情况下，生物群落都不可能单独存在，它总是和环境密切相关、相互作用，组成有序的整体，如一个湖泊、一片草地。

河湖生态系统是指河湖的生物群落与周围环境构成的统一整体，周围环境由水体（含河床、湖床）和河（湖）岸带两部分组成。

## 1.1.2　组成结构

任何一个生态系统，不论是简单还是复杂，都是由四个基本部分组成的，即生产者、消费者、分解者和非生物环境。生物成分由生产者、消费者和分解者组成。因此，生态系统的组成包括生物成分和非生物环境两大部分，具体见图 1-2。非生物环境由能源、气候、基质和介质、物质代谢原料等因素组成，其中能源包括太阳能、水能等；气候包括光照、温度、降水和风等；基质包括岩石、土壤及河床地质地貌，介质包括水、空气等；物质代谢原料包括参加物质循环的无机物（碳、氮、磷、二氧化碳、水等）以及联系生物和非生物的有机化合物（蛋白质、脂肪、碳水化合物和腐殖质等）。

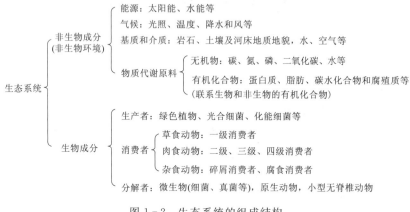

图 1-2　生态系统的组成结构

### 1. 非生物环境

非生物环境，即无机环境，包括太阳能、热量、水、二氧化碳、氧气、氮、各种矿物盐类、其他元素和化合物以及生物生长的基质和媒介。它们既是构成生物生长代谢的材料，同时也构成生物的无机环境。太阳能是驱动所有生态系统运转和全球气候系统变化的主要能源，为生物生长提供所必需的热量。岩石、土壤、空气和水构成了生物生长的基质和媒介，为生物生长提供了空间。水、二氧化碳、氧气、氮、各种矿物盐类则是生物代谢的基质。

### 2. 生产者

生产者是指绿色植物和某些能进行光合作用和化学能合成作用的细菌（自养生物），自养生物指可以利用阳光、二氧化碳、水及无机盐，通过光合作用等生物过程制造有机物，为生态系统中各种生物提供物质和能量的绿色植物和许多微生物。它们利用太阳能进行光合作用，把从外界摄取的无机物合成为有机物，将能量储存起来，供自身或其他生物需要。太阳能和化学能只有通过生产者才能不断进入生态系统，成为消费者和分解者唯一的能源。

### 3. 消费者

消费者由动物组成，它们只能直接或间接从植物中获取能量。消费者可分为草食动物、肉食动物和杂食动物。草食动物也称初级消费者，以植物为食，直接从中获取能量。

肉食动物也称次级消费者，以草食动物为食或相互为食。杂食动物也称兼食性动物，既吃植物又吃动物。

**4. 分解者**

分解者也称还原者，是分解动植物残体的异养生物，主要是细菌、真菌和某些原生动物和腐食性动物（如白蚁、蚯蚓等）。异养生物指不能直接以无机物合成有机物，必须摄取现成的有机物来维持生活的生物，包括捕食、寄生和腐生三种。它们靠分解生态系统中产生的废物和死亡机体中获取能量，把残体中复杂的有机物分解为简单的化合物和元素，释放回环境中去，供植物再使用，故称分解者。分解者在生态系统的物质循环和能量流动中具有十分重要的意义，是不可或缺的重要组成。

每一个生物体都要通过不断地获取能量和释放能量的方式来维持自身的生命，这个过程也称为新陈代谢。在新陈代谢的过程中存在同化作用和异化作用。同化作用是指生物把外界的营养物质转化为自身物质并储存能量的过程。异化作用是指生物把自身部分组成物质分解并释放能量，再将分解的最终产物排出体外的过程。

## 1.1.3 营养结构

**1. 食物链**

食物链又称为"营养链"，指生态系统中各种生物以食物联系起来的连锁关系。南极海域典型食物链见图 1-3。例如，池塘中的藻类是水蚤的食物，蚤又是鱼类的食物，鱼类又是人类和水鸟的食物。于是，藻类—水蚤—鱼类—人或水鸟便形成了一种食物链。

根据生物间的食物关系，食物链可分为三类。

（1）捕食性食物链，以植物为基础，后者捕食前者，如青草—野兔—狐狸—狼。

（2）碎食性食物链（腐食食物链），是以碎食为基础形成的食物链，如树叶碎片及小藻类—虾（蟹）—鱼—食鱼的鸟类。

（3）寄生性食物链，以大动物为基础，是小动物寄生到大动物上形成的食物链，如哺乳类—跳蚤—原生动物—细菌—过滤性病毒。

**2. 食物网**

食物网又称食物链网（图 1-4），是在生态系统中生物间错综复杂的网状食物关系。生态系统包括生命系统和生命支持系统。生命支持系统的第一要素是太阳能。太阳能通过绿色植物光合作用转换为生物能，并借食物链（食物网）流向动物和微生物。第二要素是把各个系统联系起来循环的水。水和营养物质（碳、氧、氢、磷等）通过食物链（食物网）不断地合成和分解，在环境与生物之间反复地进行着生物—地球—化学的循环作用。河流湖泊与数以百万计的物种共生共存，通过食物链、养分循环、能量交换、水文循环及气候系统相互交织在一起。

河流湖泊作为营养物质的载体，既是陆地生态系统生命的动脉，也是水生生态系统的基本生境。首先，水是陆地生命系统植被光合作用的原料。有学者估计，陆地生态系统大约消耗了 2/3 的陆地降雨，总量估计达到 $718 \times 10^5$ 亿 $m^3$，主要以蒸发蒸腾的方式加入水文循环。陆地生态系统直接影响河流径流条件。其次，在水生生态系统中，河流湖泊是各类生物群落的栖息地，是鱼类、无脊椎动物等动物生存繁殖的基本条件和水生植物生长的基础。

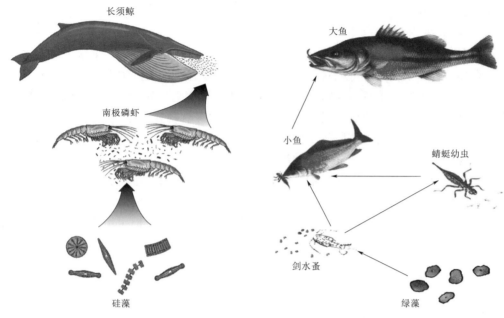

图 1-3　南极海域典型食物链　　　　图 1-4　湖泊水生态系统部分食物网

作为河流食物网基础的初级生产有两种，一种称为"自生生产"，即河流通过光合作用，用氮、磷、碳、氧、氢等物质生产有机物。初级生产者是藻类、苔藓和大型植物。如果阳光充足和有无机物输入，这些自养生物能够沿河繁殖生长，成为食物链的基础。这条食物链加入河流食物网，形成的营养金字塔是：初级生产—食植动物—初级食肉动物—高级食肉动物。另一种称为"外来生产"，是指由陆地环境进入河流的外来物质，如落叶、残枝、枯草和其他有机物碎屑。这些粗颗粒有机物被大量碎食者、收集者和各种真菌和细菌破碎、冲击后转化成为细颗粒有机物，成为初级食肉动物的食物来源，从而成为另外一条食物链基础。这条食物链加入河流食物网，形成的营养金字塔是：流域有机物输入—碎食者—收集者—初级食肉动物—高级食肉动物。由此可见，靠初级食肉动物或称二级消费者把两条食物链结合起来，形成河流完整的食物网，这就是"二链并一网"的食物网结构，见图 1-5。

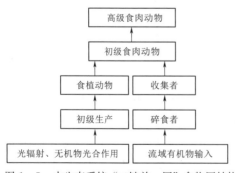

图 1-5　水生态系统"二链并一网"食物网结构

与河流生态系统类似，湖泊生态系统的初级生产分为两种。一种是通过光合作用，使太阳能与氮、磷等营养物相结合生成新的有机物质。湖泊从事初级生产的物种因湖泊分区有所不同。湖滨带的初级生产者主要有浮游植物、大型水生植物和固着生物三类。敞水区的初级生产者主要有浮游植物和悬浮藻类两类。另一种是流域产生的落叶、残枝、枯草和其他有机物碎屑，这些有机物靠水力和风力带入湖泊，成为微生物和大型无脊椎动物的食物。以上两种初级生产又成为食植动物的食物，其后通过初级食肉动物、高级食肉动物的营养传递，最终形成湖泊完整的食物网。这种食物网结构与河流食物网相似，都是通过初级食肉动物把两条食物链结合起来，构成完整的食物网，形成"二链并一网"的食物网结构。

3. 营养级

营养级是为了解生态系统的营养动态，对生物作用类型所进行的一种分类，见图1-6。营养级是由 R. L. Lindeman 在 1942 年提出的。营养级可分为第一营养级、第二营养级、第三营养级、第四营养级等。

作为生产者的绿色植物和所有自养生物都处于食物链的起点，共同构成第一营养级；第二营养级是所有以生产者（主要是绿色植物）为食的动物，即食草动物营养级；第三营养级包括所有以植食动物为食的食肉动物。依此类推，还会有第四营养级和第五营养级。

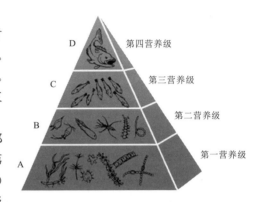

图1-6　营养级示意图

在生态系统的食物网中，凡是以相同的方式获取相同性质食物的植物类群和动物类群可分别称为一个营养级。在食物网中从生产者植物起到顶部肉食动物止，即在食物链上凡属同一级环节上的所有生物种就是一个营养级。

# 1.2　生态系统的基本功能

## 1.2.1　能量流动

1. 能量流动的概念

生态系统的能量流动是指能量输入、能量传递、能量散失的过程。

（1）能量输入。生态系统中能量流动的起点是生产者（主要是植物）通过光合作用固定的太阳能开始的。能量流动的渠道是食物链和食物网。

（2）能量传递。生态系统能量流动中，能量以太阳能→生物体内有机物中的化学能→热能散失的形式变化。能量在食物链的各营养级中以有机物（食物）中化学能的形式流动。

（3）能量散失。生态系统能量流动中能量散失的主要途径是通过食物链中各营养级生物本身的细胞呼吸及分解者的细胞呼吸，主要以热量的形式散失。

生态系统利用能量的效率很低，虽然对能量在生态系统中的传递效率说法不一，但最大的观测值为30%。一般来说，从供体到受体的一次能量传递只能有10%～20%的可利用能量被利用（图1-7），这就使能量的传递次数受到了限制，同时这种限制也必然反映在复杂生态系统的结构上（如食物链的环节数和营养级的级数等）。

2. 能量流动的特点

能量通过食物链逐级传递。太阳能是所有生命活动的能量来源，它通过绿色植物的光

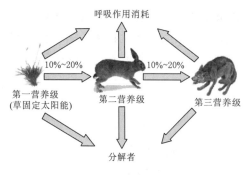

图 1-7　生态系统的能量传递图

合作用进入生态系统，然后从绿色植物转移到各种消费者。能量流动的特点如下：

（1）单向流动。生态系统内部各部分通过各种途径发散到环境中的能量，再不能为其他生物所利用。

（2）逐级递减。生态系统中各部分所固定的能量是逐级递减的，前一级的能量只能维持后一级少数生物的需要，越向食物链的后端，生物体的数目越少，这样便形成一种金字塔形的营养级关系。

## 1.2.2　物质循环

生命的维持不仅需要能量，而且也依赖于各种化学元素的供应。生态系统从大气、水体和土壤等环境中获得营养物质，通过绿色植物吸收，进入生态系统，被其他生物重复利用，最后再归入环境中，称为物质循环。

1. 物质循环的特征

生态系统中的物质循环又称为生物地球化学循环。能量流动和物质循环是生态系统的两个基本过程。这两个基本过程使生态系统各个营养级之间和各种成分（非生物成分和生物成分）之间组织成为一个完整的功能单位。但是能量流动和物质循环的性质不同，能量流经生态系统最终以热的形式消散，能量流动是单方向的，因此生态系统必须不断地从外界获得能量。而物质的流动是循环式的，各种物质都能以可被植物利用的形式重返环境。能量流动和物质循环都是借助于生物之间的取食过程而进行的，但这两个过程是密不可分的，因为能量储存在有机分子键内，当能量通过呼吸过程被释放出来用以做功的时候，该有机化合物就被分解并以较简单的物质形式重新释放到环境中去。生态系统中的能量流动与物质循环见图 1-8。

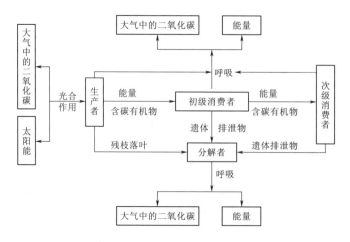

图 1-8　生态系统中的能量流动与物质循环

**2. 物质循环的类型**

生态系统的物质循环可以分为水循环、气体型循环和沉积型循环三种类型。

(1) 水循环。水循环的主要路线是从地球表面通过蒸发(包括植物的蒸腾作用)进入大气圈,同时又不断地通过降水从大气圈返回到地球表面。每年地球表面的蒸发量与全球降水量是相等的,因此,这两个相反的过程能够处于一种平衡状态。水循环对于生态系统非常重要,任何生物的生命活动都离不开水。水携带着大量的矿质元素在全球周而复始地循环,极大地影响着各类营养元素在地球上的分布。水还具有调节大气温度的能力。

(2) 气体型循环。气体型循环包括氮、碳和氧等元素的循环。在气体型循环中,物质的主要储存库是大气和海洋,循环过程与大气和海洋密切相关,具有明显的全球性,循环性能也最为完善。

(3) 沉积型循环。沉积型循环包括磷、硫、钙、钾、钠、镁、铁、碘、铜等物质的循环。这些物质的分子或化合物没有气体状态,其储存库主要是岩石、沉积物、土壤等,与大气没有密切联系。这些物质主要是通过岩石的风化和沉积物的分解,转变为可以被生物利用的营养物质,转化速率缓慢。而海底沉积物转化为岩石圈成分更是一个缓慢的过程,时间要以数千年计。由于这些物质不是以气体形式参与循环的,因此,循环的全球性不像气体型循环表现得那么明显。

气体型循环和沉积型循环虽然具有不同的特点,但是它们都受到能量的驱动,并且都依赖于水的循环。

**3. 常见物质的循环**

(1) 碳循环。碳元素是构成生命的基础,碳循环是生态系统中十分重要的循环,其循环主要是以二氧化碳的形式随大气环流在全球范围流动。碳—氧循环的主要流程如下(图1-9):

1) 大气圈→生物群落。植物通过光合作用将大气中的二氧化碳同化为有机物和消费者通过食物链获得植物生产的含碳有机物。

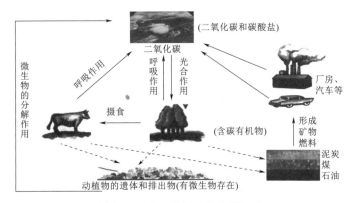

图1-9 碳—氧循环的主要流程

植物与动物在获得含碳有机物的同时,有一部分通过呼吸作用回到大气中。动植物的遗体和排泄物中含有大量的碳,这些产物是下一环节的重点。

2) 生物群落→岩石圈、大气圈。植物与动物的一部分遗体和排泄物被微生物分解成二氧化碳，回到大气；另一部分遗体和排泄物在长时间的地质演化中形成石油、煤等化石燃料。

分解生成的二氧化碳回到大气中开始新的循环；化石燃料将长期深埋在地下，进行下一环节。

3）岩石圈→大气圈。一部分化石燃料被细菌（比如嗜甲烷菌）分解生成二氧化碳回到大气；另一部分化石燃料被人类开采利用，经过一系列转化，最终形成二氧化碳。

4）大气与海洋的二氧化碳交换。大气中的二氧化碳会溶解在海水中形成碳酸氢根离子，这些离子经过生物作用将形成碳酸盐，碳酸盐也会分解形成二氧化碳。

整个碳循环过程二氧化碳的固定速度与生成速度保持平衡，大致相等，但随着现代工业的快速发展，人类大量开采化石燃料，极大地加快了二氧化碳的生成速度，打破了碳循环的速率平衡，导致大气中二氧化碳浓度迅速增长，这是引起温室效应的重要原因。

（2）氮循环。氮气占空气 78% 的体积，因而氮循环是十分普遍的。氮是植物生长所必需的元素，氮循环对各种植物包括农作物而言是十分重要的。氮循环的主要流程如下（图 1-10）：

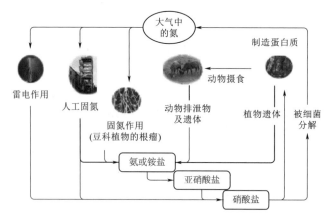

图 1-10　氮循环的主要流程

1）氮的固定。氮气是十分稳定的气体单质，氮的固定指的就是通过自然或人工方法，将氮气固定为其他可利用的化合物的过程，这一过程主要有三条途径。

第一条途径是在闪电时，空气中的氮气与氧气在高压电的作用下会生成一氧化氮，之后一氧化氮经过一系列变化，最终形成硝酸盐。氮气＋氧气→一氧化氮→二氧化氮（四氧化二氮）→硝酸→硝酸盐。硝酸盐是可以被植物吸收的含氮化合物，氮元素随后开始在岩石圈循环。

第二条途径是根瘤菌、自生固氮菌能将氮气固定生成氨气，这些氨气最终被植物利用，在生物群落开始循环。

第三条途径是人工固氮。自 1918 年弗里茨·哈勃（Fritz Haber）发明人工固氮方法以来，人类对氮循环施加了重要影响，人们将氮气固定为氨气，最终制成各种化肥投放到农田中，开始在岩石圈循环。

2）微生物循环。氮被固定后，土壤中的各种微生物可以通过化能合成作用参与循环。

硝化细菌能将土壤中的铵根（氨气）氧化形成硝酸盐；反硝化细菌能将硝酸盐还原成氮气；反硝化细菌还原生成的氮气重新回到大气开始新的循环，这是一条最简单的循环路线。如果进入岩石圈的氮没有被微生物分解，而是被植物的根系吸收进而被植株同化，那么这些氮还将经历另一个过程。

3）生物群落→岩石圈。植物将土壤中的含氮化合物同化为自身的有机物（通常是蛋白质），氮元素就会在生物群落中循环。植物吸收并同化土壤中的含氮化合物；初级消费者通过摄取植物体，将氮同化为自身的营养物，更高级的消费者通过捕食其他消费者获得这些氮；植物、动物的氮最终通过排泄物和尸体回到岩石圈，这些氮大部分被分解者分解生成硝酸盐和铵盐；少部分动植物尸体形成石油等化石燃料。

经过生物群落循环后的硝酸盐和铵盐可能再次被植物根系吸收，但循环多次后，这批化合物最终全部进入硝化细菌和反硝化细菌组成的基本循环中，完成循环。

4）化石燃料的分解。石油等化石燃料最终被微生物分解或被人类利用，氮元素也随之生成氮气回到大气中，历时最长的一条氮循环途径完成。

（3）硫循环。硫是生物原生质体的重要组分，是合成蛋白质的必须元素，因而硫循环也是生态系统的基础循环。硫循环明显的特点是，它有一个长期的沉积阶段和一个较短的气体型循环阶段，因为含硫的化合物中，既包括硫酸钡、硫酸铅、硫化铜等难溶的盐类；也有气态的二氧化硫和硫化氢。硫循环的主要过程如下：

1）硫的释放。多种生物地球化学过程可将硫释放到大气中。火山喷发可以带出大量的硫化氢气体；硫化细菌通过化能合成作用形成硫化物，释放化合物的种类因硫化细菌的种类而有不同；海水飞沫形成的气溶胶含有一定的硫化物；岩体风化，该途径产生的硫酸盐将进入水中，这一过程释放的硫占释放总量的50%左右。大部分硫将进入水体。火山喷发等途径形成的气态含硫化合物将随降雨进入土壤和水体，但大部分的硫直接进入海洋，并在海里永远沉积无法连续循环。只有少部分在生物群落循环。

2）岩石圈、水圈→生物群落。与氮循环类似，植物根系吸收硫酸盐，硫元素就开始在生物群落循环，最后由尸体和排泄物脱离，大部分此类物质被分解者分解，少部分形成化石燃料。

3）重新沉积。分解者将含硫有机物分解为硫酸盐和硫化物后，这些硫化物将按"1）"过程重新开始循环。

（4）磷循环。磷是植物生长的必须元素，由于磷根本没有气态化合物，所以磷循环是典型的沉积循环，自然界的磷主要存在于各种沉积物中，通过风化进入水体，在生物群落循环，最后大部分进入海洋沉积，虽然部分海鸟的粪便可以将磷重新带回陆地（瑙鲁岛上存在大量的此类鸟粪），但大部分磷还是永久性地留在了海底的沉积物中无法继续循环。

（5）有害物质循环。人类在改造自然的过程中，不可避免地会向生态系统排放有毒有害物质，这些物质会在生态系统中循环，并通过富集作用积累在食物链最顶端的生物上（最顶端的生物往往是人）。生物的富集作用指的是：生物个体或处于同一营养级的许多生物种群从周围环境中吸收并积累某种元素或难分解的化合物，导致生物体内该物质的平衡浓度超过环境中浓度的现象。有毒有害物质的生物富集曾引起包括水俣病、痛痛病在内的多起生态公害事件。

生物富集对自然界的其他生物也有重要影响，例如美国的国鸟白头海雕就曾受到 DDT 生物富集的影响，1952—1957 年间，已经有鸟类爱好者观察到白头海雕的出生率在下降，随后的研究则表明，高浓度的 DDT 会导致白头海雕的卵壳变软以致无法承受自身的重量而碎裂。直到 1972 年 11 月美国环境保护署（Environmental Protection Agency, EPA）正式全面禁止使用 DDT，白头海雕的数量才开始恢复。

### 1.2.3　信息传递

信息是实现世界上物质客体间相互联系的形式。生态系统中的各个组成成分相互联系成为一个统一体，它们之间的联系除了能量流动和物质交换之外，还有一种非常重要的联系，那就是信息传递。习惯上把系统中各生命成分之间的信息传递称为信息流。生物之间交流的信息是生态系统中的重要内容，通过它可以把同一物种之间，以及不同物种之间的"意愿"表达给对方，从而在客观上达到自己的目的。

1. 信息传递的主要方式

（1）物理信息。物理信息指通过物理过程传递的信息，它可以来自无机环境，也可以来自生物群落，主要有声、光、温度、湿度、磁力、机械振动等。眼、耳、皮肤等器官能接受物理信息并进行处理。植物开花属于物理信息。

（2）化学信息。许多化学物质能够参与信息传递，如生物碱、有机酸及代谢产物等，鼻及其他特殊器官能够接受化学信息。

（3）行为信息。行为信息可以在同种和异种生物间传递。行为信息多种多样，例如蜜蜂的"圆圈舞"以及鸟类的"求偶炫耀"。

2. 信息传递的作用

生态系统中生物的活动离不开信息的作用，信息在生态系统中的作用主要表现如下：

（1）生命活动的正常进行。许多植物（莴苣、茄子、烟草等）的种子必须接收到某种波长的光信息才能萌发；蚜虫等昆虫的翅膀只有在特定的光照条件下才能产生；光信息对各种生物的生物钟构成重大影响；正常的起居、捕食活动离不开光、气味、声音等各种信息的作用。

（2）种群的繁衍。光信息对植物的开花时间有重要影响。性外激素在各种动物繁殖的季节起重要作用；鸟类进行繁殖活动的时间与日照长短有关。

（3）调节生物的种间关系，以维持生态系统的稳定。在草原上，当草原返青时，"绿色"为食草动物提供了可以采食的信息；森林中，狼能够依据兔子留下的气味去猎捕后者，兔子也能依据狼的气味或行为特征躲避猎捕。

## 1.3　河湖化学环境及生态系统的组成

河湖生态系统包括生物和非生物及其相互作用过程，表现出相应的生态功能。河湖的某些属性可以反映整个生态系统的特性，即总生产力、代谢、有效能量利用、可利用能源多样性、物种数等。所有生态系统都与周围环境发生交换，河湖生态系统尤其开放，显示出高度的纵向、横向和垂向连通性。人类自古逐水而居，河湖为人类提供饮水、灌溉、运输、发电等功能，几乎所有的河湖都有人类开发和利用活动的印记。

### 1.3.1　河湖化学环境

河湖水与自然界其他类型水体一样是一种十分复杂的溶液，常溶有一定数量的化学离子、溶解性气体、生物营养元素和微量元素。

1. 溶解氧及其他溶解性气体

（1）溶解氧。多数水生生物需要氧气来进行呼吸作用，缺氧可引起鱼类和其他水生生物的大量死亡。水体中的氧气主要来源于大气溶解和水生生物的光合作用。空气中的分子态氧溶解在水中称为溶解氧，通常记作溶解氧。溶解氧含量用每升水里氧气的质量表示（mg/L）。

河湖生物（指水生植物和藻类）在白天光合作用产生大量氧气增加河湖水中氧的含量，夜晚呼吸作用释放大量二氧化碳，减少河湖水中氧的含量。河湖水中有机物或还原性物质在其分解和氧化过程中消耗氧气，使其含量降低。水生生物按照需氧与否可分为好氧性生物和厌氧性生物。绝大多数需要氧气生存的水生生物称为好氧性生物，但也有少数可以在完全无氧的条件下生存的水生生物则称为厌氧性生物。

（2）二氧化碳。水体中的二氧化碳主要是通过水生生物的呼吸作用和有机质氧化分解生成和少量的大气溶解量。二氧化碳的主要去处是被水生植物的光合作用所利用。二氧化碳是自养生物的主要碳源，但含量过多时则有毒。

二氧化碳过多影响光合作用，使光合作用率降低。如藻类最大光合作用时的二氧化碳浓度：蛋白核小球藻、四棘栅藻为 $0.1\%$，柱孢鱼腥藻在 5500lx 照度下，15℃时为 $0.10\%$、25℃时为 $0.25\%$。当二氧化碳浓度为 $0.5\%$ 时对藻类有害。

二氧化碳对鱼类和水环境有较大影响。它是水生植物光合作用的原料，缺少会限制植物生长、繁殖；高浓度二氧化碳对鱼类有麻痹和毒害作用，如使鱼体血液 pH 降低，减弱了对氧的亲和力。当游离二氧化碳达到 80mg/L 时，幼鱼表现出呼吸困难；超过 100mg/L 时，发生昏迷或侧卧现象；超过 200mg/L 时，引起死亡。在一般池塘中这种现象少见，但北方冬季鱼类越冬期长，往往鱼密度过大，二氧化碳积累可达到相当浓度而使鱼无法生存。

（3）硫化氢。硫化氢为河湖底含硫有机物质（蛋白质）在缺氧条件下分解的产物，以夏季停滞期为多。在接近城市受污水污染的水中，硫化氢含量尤为多，并有强烈的恶臭。还有来自河湖底含硫涌泉，或水中硫酸盐的还原等，也常促成硫化氢的产生。

硫化氢存在是河湖缺氧或完全无氧的标志，因此，除厌氧性细菌外，河湖中别无其他生物。硫化氢对大多数生物具有毒害作用，且毒性颇强。水中硫化物的毒性随水的 pH、水温和溶解氧含量而变。水温升高或溶解氧降低，毒性增大；反之，毒性降低。在酸性环境下，pH 越低，硫化氢占的比例越大，毒性越强。一般认为，水中硫化氢含量在 0.2mg/L 以下，对大多数鱼类和其他生物是无害的。但当浓度超过 0.2mg/L 时，将会造成慢性危害。硫化氢对鱼类的毒害作用是与血红素中的铁结合，使血红素量减少，另外，对皮肤有刺激作用。所以，我国的渔业水质标准中规定硫化物含量不得超过 0.2mg/L。

（4）甲烷。甲烷为湖底植物残体的纤维素分解的生成物之一，俗称沼气。深水湖泊在停滞期底部常有沼气聚集。沼气在天然水体中的含量按水底有机沉积物的多少和性质而异，可由极少量至 10mg/L 以上，最多可达 40mg/L。有些湖泊的沉积物分解生成的沼气可占总生成气体的 65%～85%。我国南方的池塘及外荡夏季常有沼气生成。沼气对生物的直接作用，各学者见解不一。有的认为无毒，有的认为多少有些毒害。

但沼气过多则无疑为环境不良的标志，且大量气泡上升时，常带走大量氧气，这对生物的呼吸是不利的。

（5）氨。氨是含氮有机质分解的中间产物，硝酸盐在反硝化细菌的作用下也能产生氨，此外，某些光合细菌和蓝藻进行固氮作用时也能产生氨。

铵离子是水生植物营养的主要氮源，对水生生物来说一般是无毒的；但非离子氨（$NH_3 \cdot H_2O$）对鱼类和其他水生动物毒性较大，能引起鱼鳃组织的过度增生，皮肤中黏液细胞充血，血液成分的改变和红细胞受破坏、抗病力下降和生长受到抑制，浓度大时可迅速引起死亡。在低氧条件下其毒性尤为严重。

### 2. pH

氢离子浓度指数，即 pH，这个概念是 1909 年由丹麦生物化学家提出的。

（1）酸性条件对许多动物的代谢作用不利。许多研究资料指出，pH 的变化影响鱼类对氧的利用程度，并降低鱼类对低氧条件的耐力，而且在 pH 过低或过高时，都将提高其窒息点。在酸性条件下，大多数鱼类对低氧耐力的减弱更为显著。在淡水鱼类中，鲤鱼对酸性环境的反应较鲈鱼敏感，当 pH 由 7.4 降至 5.5 时，鲤鱼每克体重每小时的耗氧量从 0.24～0.27mg 降至 0.16～0.26mg，每次呼吸所吸收的氧降低 1/3～2/3。

（2）pH 的变化影响动物的摄食，通常在酸性条件下，鱼类的食物吸收率降低。又如栉虾（Asellus）对酸性环境也很敏感，它们在 pH 低于 6.0 的环境下很少出现，在 pH 为 5.5 时，每日食量比正常环境的减少 10%。其他低等动物也有类似现象。

（3）pH 的变化对水生生物繁殖和发育有密切的关系，各种生物的生殖所要求的最适宜 pH 也不相同。例如，当 pH 降至 7.2 时，某些刚毛藻（Cladophora）停止植物性繁殖而形成游动孢子；而实球藻（Pandorina morum）则在弱碱性环境（pH 为 7.8）中繁殖最好。也有一些藻类在微酸性环境繁殖良好，如卵形隐藻（Cryptomonas ovata）在 pH 为 5～7 的环境中繁殖最快。

（4）pH 对有机体的影响与溶解气体及某些离子浓度有关。当水中二氧化碳浓度为 10mg/L 时，硬头鳟（Salmo gairdneri）半致死的 pH 为 4.5，二氧化碳浓度增高到 20mg/L 时，硬头鳟半致死的 pH 升高到 5.7；当水中溶氧量为 5mg/L，pH 升高到 9.6 时，蓝鳃太阳鱼即开始死亡，当溶氧量为 10mg/L、pH 为 9.5 时，无不良影响；钙离子浓度的升高可降低 pH 的毒性，斑点鲑（Salvelinus fontinalis）在 pH 为 4 时的存活率随钙浓度的增加而延长，见表 1-1。

应当指出淡水鱼类和其他动物对于因光合作用引起的 pH 周期性升高有较强的适应能力。如鲤鱼生存的水体 pH 可达 10.4，青、草、鲢、鳙四大家鱼生存的水

**表 1-1　斑点鲑在 pH 为 4 时的存活率随钙浓度的变化**

| 钙浓度/(mg/L) | 存活率/% |
| --- | --- |
| 0.2 | 0 |
| 1.0 | 10 |
| 2.0 | 67 |

体 pH 可达 10.2，但是对于盐碱性水体中主要由碱度引起的稳定的高 pH 的适应能力就低得多，通常 pH 为 9 以上就有不良影响。这不仅因为持续作用的时间长，还由于 pH 和碱度之间有协同作用的缘故。

此外，天然水体 pH 的反应是水的化学性质和生物活动综合作用的结果。因此，在研究 pH 与生物关系时必须注意影响 pH 的那些因素，以及当 pH 发生变化时所引起的其他因素的变化。如在自然条件下，水体 pH 的降低，同时伴随着二氧化碳含量的增加和含氧量的下降。而很多动物在酸性水中不能忍受低氧条件。在这种情况下，显然水中的含氧量、二氧化碳和 pH 是同时对动物发生作用的。

在 pH 降低和氧气恶化的环境中，还可能有其他不利因素（硫化氢等气体的存在）。因此，在这些情况下，把 pH 作为反映水体综合性质的特征应该是更合理的。

**3. 矿化度与无机盐**

（1）水的矿化度。水的矿化度通常以 1L 水中含有各种盐分的总克数来表示（g/L）。

（2）主要离子。河湖水中主要有 $K^+$、$Na^+$、$Ca^{2+}$、$Mg^{2+}$、$Cl^-$、$SO_4^{2-}$、$HCO_3^-$ 和 $CO_3^{2-}$ 等八大离子。无机盐一般包括正、负离子两个组成部分。

**4. 生物营养物质**

河湖生物营养物质包括无机氮化合物、磷酸盐、硅酸盐、铁离子和溶解有机质（主要成分是多糖、氨基酸，含有可溶性有机碳，可溶性有机氮和可溶性有机磷）等。它们在河湖中的含量将直接影响到河湖生物的生长和发育，因而是划分河湖营养类型的一个重要依据。

（1）氮和磷。生物生长需要大约 20 种元素，在这些元素中氮和磷显得尤为重要，因为与植物需要的其他元素相比，氮和磷的自然供应数量很少。氮是合成蛋白质和核酸（基因的组成物质）的必要元素，磷是合成核酸与细胞中能量转化物质的必要元素。

在自然水体中，氮的化合物常以氨态氮（$NH_4^+$—N）、亚硝酸态氮（$NO_2$—N）、硝酸态氮（$NO_3$—N）三种形式存在。在我国湖泊中氮的化合物常以硝态氮形式存在为主。氮是组成蛋白质的主要成分，是构成生物体的基本元素。

当河湖因污染或水生生物死亡时，有机氮发生一系列的分解而成氨氮形式，然后氨氮进一步氧化成亚硝酸盐，最终成硝酸盐形式。它们均可被水生植物所利用，因此均为有效态氮，主要以硝酸盐和铵盐的形式存在。

氮主要是被浮游植物和其他水生植物吸收利用。在缺氧条件下，由于脱氮细菌的反硝化作用，将硝酸盐和亚硝酸盐还原成一氧化氮和氮气逸出水面，造成氮的逸出。氮和磷以各种形式进入水中，这些水从陆地流入河湖，包括可溶性的无机化合物，如硝酸盐、铵和磷酸盐；也包括难溶性有机化合物，如氨基酸和核糖。

水中有效态氮主要来源于死亡的生物体及鱼类的排泄物等，经细菌分解氧化而产生。其次固氮蓝藻繁殖较高时，其固定的氮也是水体中有效氮的重要来源。

水体中氮磷含量过大，就会引起水体富营养化，造成藻类及其他浮游生物迅速繁殖，水体溶解氧量下降，水质恶化，鱼类及其他生物大量死亡。

水体中的氮气、硝态氮（指硝酸盐中所含有的氮元素）和离子铵对鱼类是无毒的，而较高浓度的分子态氮和亚硝态氮对鱼类具有较高的毒性。氨氮过高会影响水体渗透压，鱼是通过鳃部将体内产生的含氮代谢废弃物氨排出体外，不能及时排出影响鳃的呼吸，增大了鳃被各种病原侵染的机会，鱼类发生氨氮急性中毒，眼球突出，张大口呼吸挣扎。非离子氨对淡水生物的毒性表现为损害鱼体的肝肾组织，与体表接触后可吸收水分造成表皮组织坏死，使深层组织受损，鱼的鳃丝上皮肿胀，黏膜增生，造成鱼呼吸困难，直至窒息死亡。

亚硝酸盐由层状氯细胞主动运输穿过鱼鳃，可以很快被吸收。被鱼类吸收后，与血红蛋白结合生成高铁血红蛋白，失去带氧能力，血液呈棕色，成为"棕血病"。患"棕血病"的鱼类会食欲降低，抗病力减弱，严重时会诱发出血病。长期生活在亚硝酸盐高的水体环境中的水生动物容易出现生长速度缓慢、对病原的抵抗力不强、易患病等情况。

（2）有机质。水体中的溶解有机质包括腐屑、胶态有机质和溶解有机质三类。

有机质来源于生活污水和工业废水的污染物；生长在水体中的生物群体也会产生有机物以及水体底泥释放有机物。

溶解有机质可作为水生动物的辅助食物，鱼类也能进行渗透营养，吸收氨基酸，一般通过鳃和体表渗透；溶解有机质还可作为藻类的营养；但是溶解有机质过多被分解时消耗大量氧并产生一氧化碳、硫化氢、氨氮、甲烷等毒气，可引起生物大量死亡。

图1-11　河湖生态系统组成

### 1.3.2　河湖生态系统的组成

河湖生态系统是指河湖的生物成分与其周围环境构成的统一整体（图1-11）。

## 1.4　河湖生态系统治理的内容

河湖生态系统治理首先要分清河湖生态建设的含义、对河湖进行生态系统健康评价，找出原因。其次要注重河湖水质、河床的生态构建、河湖的生态护坡和护岸、河湖生物多样性、河湖污染源治理、河湖水系连通。最后注重河湖的亲水景观和文化功能。本书在河湖治理中运用生态学的概念，形成河湖生态系统治理的理论和技术，并结合水利风景旅游、美丽乡村建设等内容，在生态系统治理的基础上，将河湖打造成重要的水利风景旅游区。

## 参 考 文 献

［1］　J. David Allan, Maria M. Castillo. 河流生态学［M］. 黄钰铃，纪道斌，惠二青，罗玉红，苏青青，译. 北京：中国水利水电出版社，2017.
［2］　邬红娟，李俊辉. 湖泊生态学概论［M］. 武汉：华中科技大学出版社，2020.
［3］　董哲仁. 生态水利工程原理与技术［M］. 北京：中国水利水电出版社，2007.
［4］　董哲仁. 论水生态系统五大生态要素特征［J］. 水利水电技术，2015，46（6）：42-47.

# 第2章 河湖生态系统健康评价

随着经济社会的极速发展及人口数量的快速扩张，河湖发生了巨大的变化。水受到严重的污染、水生态系统崩溃、河湖原有的自然形态发生了巨大的改变、河湖沿岸的自然景观遭到严重破坏等，河湖对周边生态系统的调节作用逐渐被削弱。因此，在河湖治理过程中，应将城市建设、生态环境保护等专业知识与河湖建设融为一体，构建符合自然环境要求的生态河湖，从而维持和强化良好的河湖生态系统，改善水环境，达到人与自然的和谐发展。

在恢复河湖健康，重建水生态系统中，如何评价河湖健康状况正成为河湖生态学领域研究的重点之一。河湖健康状况的评价不仅可应用于对河湖现状的客观描述和评估，而且有助于管理决策者确定河湖管理活动，对于河湖的可持续管理、区域生态环境建设都具有非常重要的意义；河湖健康评价也是检验河长制湖长制"有名""有实"的重要手段。在当前普遍采用部分水质理化参数评价河湖健康及生态修复成果的基础上，增加了河湖生物、水生态系统多样性、河湖水文特征、河湖生境状况等多因子表征河湖生态健康状况，对生态河湖建设中维护河湖健康可持续管理、区域生态环境建设具有非常重要的意义。

## 2.1 河湖生态建设的含义

### 2.1.1 生态河湖的概念

生态河湖是通过在传统的河湖建设和整治中融入生态学原理，并根据河湖现状和功能，对工程进行生态设计，构建符合流域及地域生态特征的河湖水生态系统和河（湖）岸生态系统，创造适宜河湖内水生生物生存的生态环境，形成物种丰富、结构合理、功能健全的河湖水生态系统，从而达到"人水和谐"、人与自然的和谐。生态河湖的建设不仅仅包括构建生态系统，还包括了河湖的其他整治方法（如疏浚、控源消污等），它应该是一个综合建设和整治的过程。

生态河湖构建是融水利工程学、环境科学、生态学等多学科为一体的综合性工程，它的最终目标是恢复和强化河湖的生态功能，改善水环境，其设计理念与传统河湖整治思想有着质的区别。

### 2.1.2 河湖生态建设的理念

河湖生态建设的理念可基本归纳为以下三类。

1. 河湖修复

河湖修复是以有利于生态系统朝自然状态发展的方式，恢复河湖的自然生态过程。其强调导致河湖生态环境恶化的因素［如污染物、河（湖）岸违章建筑、侵蚀等］，使河湖生态环境恢复到受干扰前的状态。

2. 河湖康复

其重点不是将河湖生态系统恢复到受干扰前的状态，而是在受干扰的背景下，使河湖生态系统恢复它的自然功能和过程。

3. 河湖改造

其目标是塑造一个自然稳定和相对健康的河湖生态系统，从而实现人们所期望的某些生态系统服务功能。如自然河湖通过人工改造后，在维持生态系统健康发展的同时，实现供人们娱乐、休闲、景观、文化等服务功能。

以上三者的核心都是提高河湖生态系统健康水平，恢复河湖自净功能，提高河湖纳污能力。

### 2.1.3 现状评价体系

当前生态河湖建设衡量是否达标的主要依据是基于水质的物理—化学测试方法，采用常规水质理化因子，如水体透明度、溶解氧、化学需氧量、氮磷含量等。普遍以这些水质指标是否达到《地表水环境质量标准》（GB 3838—2002）水体地表水质Ⅳ～Ⅴ类水为评价依据。其不足是忽略了生物栖息地质量的评估和水生态系统稳定性的考虑，这种评价方式存在严重的局限性，由于水质评价只能描述瞬时的采样点水质，不能真实反映一段时间的水质状况，因此在生态河湖验收评价时常以偏概全，过分看重水质状况，忽视了生态河湖建设的核心理念——河湖生态系统修复。

## 2.2 河湖生态健康评价

河湖生态系统的系统稳定、结构完整时，其各项功能和效益才可以正常发挥，才能在一定程度上满足生态系统和人类健康及审美的需求，达到人与河湖和谐相处。因此，河湖的健康是保证河湖的各种生态系统服务功能得到正常发挥的前提。

由此看出，河湖健康是一个极具社会和生态属性的概念，与社会、经济、人类、生态、环境等密切相关。河湖生态健康本质上是一种生态关系的健康。与河湖水质健康的概念相比，河湖生态健康的概念更强调对河湖生态系统状况进行综合评价，从而确定河湖生态系统所处的状态。开展河湖生态健康评价为科学评价生态河湖建设水生态系统恢复情况提供系统性的参考依据。

### 2.2.1 健康评价研究现状

近 10 多年来，河湖生态健康状况评价已在很多国家开展，其中以美国、英国、澳大利亚、南非的评价实践较具代表性。

美国环保署经过近 10 年的发展和完善，于 1999 年推出了新版的快速生物监测协议（Rapid Bioassessment Protocols，RBPs），该协议提供了河流藻类、大型无脊椎动物以及鱼类的监测及评价方法和标准。英国通过调查背景信息、河流数据、沉积物特征、植被类型、河岸侵蚀、河岸带特征以及土地利用等指标来评价河流生态环境的自然特征和质量，并判断河流生境现状与纯自然状态之间的差距；另一个值得关注的评价实践是 1998 年提出的"英国河流保护评价系统"，该评价系统通过调查评价由 35 个属性数据构成的六大恢复标准（即自然多样性、天然性、代表性、稀有性、物种丰富度以及特殊特征）来确定英国河流的保护价值，该评价系统已经成为一种被广泛运用于英国河流健康状况评价的技术方法。澳大利亚政府于 1992 年开展了"国家河流健康计划"，用于监测和评价澳大利亚河流的生态状况，评价现行水管理政策及实践的有效性，并为管理决策提供更全面的生态学及水文学数据，其中用于评价澳大利亚河流健康状况的主要工具是 AUSRIVAS；其采用河流水文学、形态特征、河岸带状况、水质及水生生物 5 方面共计 22 项指标的评价指标体系试图了解河流健康状况，并评价长期河流管理和恢复中管理干扰的有效性。南非的水事务及森林部于 1994 年发起了"河流健康计划"，该计划选用河流无脊椎动物、鱼类、河岸植被、生境完整性、水质、水文、形态等河流生境状况作为河流健康的评价指标，提供了建立在等级基础上可以广泛应用于河流生物监测的框架，针对河口地区提出了用生物健康指数、水质指数以及美学健康指数来综合评价河口健康状况。

国内对河流生态健康评价方面的研究相对落后，董哲仁曾提出河流生态健康评估应包括物理—化学评估、生物栖息地质量评价、水文评估和生物群落的评价等内容，并建议我国应因地制宜地为每一条河流建立健康评价体系及生物监测系统和网络。赵彦伟、杨志峰采用河流生态系统健康理论来研究城市河流健康问题，提出了包含水量、水质、水生生物、物理结构与河岸带 5 大要素的指标体系及其"很健康、健康、亚健康、不健康、病态"5 级评价标准，并用模糊评判模型对宁波市的多条河流进行了评价。龙笛、张思聪以生态系统健康理论和"压力—状态—响应"模型为基础，构建了滦河流域（内蒙古山区部分）的生态系统健康评价指标体系，并采用层次分析法进行了综合评价。目前国内对河流健康评价指标体系领域的研究，主要侧重于借助物理、化学手段评估河流状况，在河流生物监测及生物栖息地质量评估方面的生态健康评价尚缺乏经验，亟待建立一套适用于我国河流的生态健康评价指标体系，为生态河流建设提供决策依据。

目前，我国大多数湖泊都出现不同程度的退化，对湖泊生态系统进行健康评价已成为重要课题。生态系统健康是指一个生态系统所具有的稳定性以及维持其系统结构、自身调节和对压力的自我恢复能力。生态系统健康的提出虽然只有几十年的历史，却受到国内外学者广泛的关注，曾多次举办相关的国际会议，成立专门的研讨组织，并且出现了专门以生态系统健康命名的国际杂志，对水生态系统——海岸、海洋、湖泊、河流和湿地，以及部分陆地生态系统——草原、森林等进行了相关研究。目前，国内对湖泊生态系统健康评价的研究较多，如云南滇池、三峡库区、杭州西湖等。由于南水北调中线工程的建设，一些专家学者开始关注丹江口水库的生态环境，使其成为研究热点区域。

## 2.2.2　健康状况评价的重要性

（1）河湖生态健康状况评价可以描述和反映任何一个时段内河湖的健康水平和整体状

况，获取河湖健康状况的综合评价。目前国内河湖管理中主要侧重于借助化学手段以及少量生物监测评估河湖水质状况，而河湖健康状况评价的开展可为河湖管理者提供综合的现状背景资料，从而对我国河湖生态系统的保护和恢复工作起到很好的指导作用。

（2）利用河湖生态健康状况评价国内主要河湖的生态环境质量，可以提供进行横向比较的基准。构建一套适用于我国的河湖生态系统健康评价理论体系，评价国内河湖健康状况，能够诊断区域内不同河湖健康状况的差异，设立恢复优先权，同时对于不同区域的类似河流，评价结果可用于互相参考比较，从而提高恢复活动的有效性。

（3）河湖生态健康状况评价还可反映河湖某个方面（如水质、河岸带等）的健康状况。河湖健康状况中的单个指标评价值可直接反映河湖某方面所处的状态，从而在我国河湖管理过程中据此确定管理行为的优先顺序，制定相应的政策，进而影响公众的思想和行为。

（4）河湖生态健康状况评价还可评估和监测一定时期内的河湖健康状况的发展趋势。尤其是近年来我国河湖综合整治以及恢复活动开展频繁，评估河湖恢复的有效性、提高河湖恢复质量成为我国河湖管理中迫切需要解决的问题。而恢复前后的河湖健康状况评价结果可为管理决策者提供良好的基础比较资料和决策依据，通过比较评价干预之前以及干预之后的河湖条件或比较预期的以及实际的河湖条件评估管理行为的有效性，从而提高我国河湖综合管理水平。

因此考虑我国河湖生态系统的特征及经济社会发展背景，在充分吸收国外先进河湖健康评价理论及方法的基础上，构建体现地域特色和管理要求的河湖生态健康评价理论与方法体系，是我国河湖健康评价研究的一项紧迫任务。

## 2.2.3 河湖健康评价指南（试行）

2010—2016 年，水利部组织有关科研单位在部分重点河湖（库）开展健康评估试点工作，提出河湖健康的概念包含两方面内容，即河湖的生态状况和功能状况。生态状况主要涉及水文、物理结构、化学及生物完整性，功能状况涵盖防洪、供水及公众满意程度等，提出评价结果分为病态、不健康、亚健康、健康、理想状况五个等级。结合国内外河湖健康评价技术研究成果和实践经验，辽宁、江苏、贵州等出台了相关评价导则、评价规范。

水利部河湖管理司组织南京水利科学研究院等单位开展了"河湖健康评价及河湖长制背景下管理决策支持研究"，提出河湖健康概念是指具有较完整的自然生态系统结构，能够满足人类社会可持续发展需求，且在一定的扰动条件下可自我修复或通过措施可恢复其生态功能；于 2020 年 8 月出台了《河湖健康评价指南（试行）》（以下简称《指南》），该《指南》提出从生态系统结构完整性、生态系统抗扰动弹性、社会服务功能可持续性三个层面建立河湖健康评价指标体系，从"盆""水"、生物、社会服务功能等 4 个准则层对河湖健康状态进行评价。有助于快速辨识问题、及时分析原因，帮助公众了解河湖真实健康状况，为各级河长湖长及相关主管部门履行河湖管理保护职责提供参考。该《指南》为指导性文件，各地可参考《指南》提出的河湖健康评价指标和评价方法，结合本地河湖自然地理、社会环境和服务功能等差异性特征，开展河湖健康评价工作。

**2.2.3.1 总体要求**

**1. 总则**

（1）为加强河湖管理保护，科学评价河湖健康状况，指导落实河长制湖长制任务，制定本《指南》。

（2）本《指南》适用于中华人民共和国境内河流湖泊（不包括入海河口）的健康评价。

（3）河湖健康评价工作应遵循以下原则：

1）科学性原则。评价指标设置合理，体现普适性与区域差异性，评价方法、程序正确，基础数据来源客观、真实，评价结果准确反映河湖健康状况。

2）实用性原则。评价指标体系符合我国的国情水情与河湖管理实际，评价成果能够帮助公众了解河湖真实健康状况，有效服务于河长制湖长制工作，为各级河长湖长及相关主管部门履行河湖管理保护职责提供参考。

3）可操作性原则。评价所需基础数据应易获取、可监测。评价指标体系具有开放性，既可以对河湖健康进行综合评价，也可以对河湖"盆""水"、生物、社会服务功能或其中的指标进行单项评价；除必选指标外，各地可结合实际选择备选指标或自选指标。

**2. 基本规定**

（1）河湖健康评价应以本《指南》确定的指标体系进行综合评价，反映河湖健康总体状况，也可采用本《指南》确定的指标进行单项评价，反映河湖某一方面的健康水平。

（2）河流健康评价可以整条河流为评价单元，也可以各级河长负责的河段为评价单元；根据评价单元长度，一个评价单元可以划分为多个评价河段，通过对各个河段进行评价后，综合得出评价单元的整体评价结果。湖泊健康评价原则上以整个湖泊为评价单元，可以通过分区评价后，综合得出湖泊的整体评价结果。

（3）河湖健康评价应根据河湖特征，依据本《指南》确定评价指标及指标权重分配方案。本《指南》不能涵盖某些特征（如重金属污染、河湖淤积等）明显的河湖时，可以增加自选指标。

（4）河湖健康评价应根据确定的评价指标搜集相关基础资料，并对资料进行复核。当基础资料不满足河湖健康评价要求时，应通过专项调查或专项监测予以补齐。

（5）河湖健康评价应以行业历史数据资料和专项调查监测数据为依据，按照本《指南》规定的方法对评价指标计算赋分，依据本《指南》规定的权重对准则层进行计算，对河湖健康进行综合评价，提出河湖健康存在的问题和治理修复建议。

（6）根据综合评价结果，河湖健康状况分为一类河湖（非常健康）、二类河湖（健康）、三类河湖（亚健康）、四类河湖（不健康）、五类河湖（劣态）五类。

**3. 工作流程**

河湖健康评价按图2-1工作流程进行。

（1）技术准备。开展资料、数据收集与踏勘，根据本《指南》确定河湖健康评价指标，自选指标还应研究制定评价标准，提出评价指标专项调查监测方案与技术细则，形成河湖健康评价工作大纲。

（2）调查监测。组织开展河湖健康评价调查与专项监测。

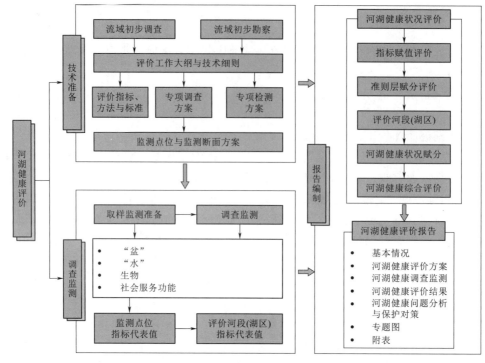

图2-1 河湖健康评价工作流程图

（3）报告编制。系统整理调查与监测数据，根据本《指南》对河湖健康评价指标进行计算赋分，评价河湖健康状况，编制河湖健康评价报告。

#### 2.2.3.2 评价指标

（1）河湖健康评价指标体系见表2-1、表2-2。

表2-1 河流健康评价指标体系表

| 目标层 | 准则层 | | 指标层 | 指标类型 |
|---|---|---|---|---|
| 河流健康 | "盆" | | 河流纵向连通指数 | 备选指标 |
| | | | 岸线自然状况 | 必选指标 |
| | | | 河岸带宽度指数 | 备选指标 |
| | | | 违规开发利用水域岸线程度 | 必选指标 |
| | "水" | 水量 | 生态流量/水位满足程度 | 必选指标 |
| | | | 流量过程变异程度 | 备选指标 |
| | | 水质 | 水质优劣程度 | 必选指标 |
| | | | 底泥污染状况 | 备选指标 |
| | | | 水体自净能力 | 必选指标 |
| | 生物 | | 大型底栖无脊椎动物生物完整性指数 | 备选指标 |
| | | | 鱼类保有指数 | 必选指标 |
| | | | 水鸟状况 | 备选指标 |
| | | | 水生植物群落状况 | 备选指标 |

| 目标层 | 准则层 | 指 标 层 | 指标类型 |
|---|---|---|---|
| 河流健康 | 社会服务功能 | 防洪达标率 | 备选指标 |
| | | 供水水量保证程度 | 备选指标 |
| | | 河流集中式饮用水水源地水质达标率 | 备选指标 |
| | | 岸线利用管理指数 | 备选指标 |
| | | 通航保证率 | 备选指标 |
| | | 公众满意度 | 必选指标 |

表 2-2 　　　　　　　　　　　湖泊健康评价指标体系表

| 目标层 | 准则层 | | 指 标 层 | 指标类型 |
|---|---|---|---|---|
| 湖泊健康 | "盆" | | 湖泊连通指数 | 备选指标 |
| | | | 湖泊面积萎缩比例 | 必选指标 |
| | | | 岸线自然状况 | 必选指标 |
| | | | 违规开发利用水域岸线程度 | 必选指标 |
| | "水" | 水量 | 最低生态水位满足程度 | 必选指标 |
| | | | 入湖流量变异程度 | 备选指标 |
| | | 水质 | 水质优劣程度 | 必选指标 |
| | | | 湖泊营养状态 | 必选指标 |
| | | | 底泥污染状况 | 备选指标 |
| | | | 水体自净能力 | 必选指标 |
| | 生物 | | 大型底栖无脊椎动物生物完整性指数 | 备选指标 |
| | | | 鱼类保有指数 | 必选指标 |
| | | | 水鸟状况 | 备选指标 |
| | | | 浮游植物密度 | 必选指标 |
| | | | 大型水生植物覆盖度 | 备选指标 |
| | 社会服务功能 | | 防洪达标率 | 备选指标 |
| | | | 供水水量保证程度 | 备选指标 |
| | | | 湖泊集中式饮用水水源地水质达标率 | 备选指标 |
| | | | 岸线利用管理指数 | 备选指标 |
| | | | 公众满意度 | 必选指标 |

（2）"备选"指标选择原则：省级河长湖长管理的河湖原则上全选，市、县、乡级河长湖长管理的河湖根据实际情况选择。有防洪、供水、岸线开发利用功能的河湖，防洪达标率、供水水量保障程度、河流（湖泊）集中式饮用水水源地水质达标率指标和岸线利用管理指数指标应为必选。

### 2.2.3.3 指标评价方法与赋分标准

**1. "盆"**

（1）河流纵向连通指数。根据单位河长内影响河流连通性的建筑物或设施数量评价，有生态流量或生态水量保障，有过鱼设施且能正常运行的不在统计范围内。赋分标准见表 2-3。

表 2-3　　　　　　　　　　　　　　　河流纵向连通指数赋分标准表

| 河流纵向连通指数/(个/100km) | 0 | 0.25 | 0.5 | 1 | ≥1.2 |
|---|---|---|---|---|---|
| 赋分 | 100 | 60 | 40 | 20 | 0 |

（2）湖泊连通指数。根据环湖主要入湖河流和出湖河流与湖泊之间的水流畅通程度评价，其计算公式为

$$CIS = \frac{\sum_{n=1}^{N_s} CIS_n Q_n}{\sum_{n=1}^{N_s} Q_n} \qquad (2-1)$$

式中　$CIS$——湖泊连通指数赋分；

　　　$N_s$——环湖主要河流数量，条；

　　　$CIS_n$——评价年第 $n$ 条环湖河流连通性赋分；

　　　$Q_n$——评价年第 $n$ 条河流实测的出（入）湖泊水量，万 $m^3/a$。

环湖河流连通性赋分标准见表 2-4。

表 2-4　　　　　　　　　　　　　　　环湖河流连通性赋分标准表

| 连通性 | 阻隔时间/月 | 年出（入）湖水量占出（入）湖河流多年平均实测年径流量比例/% | 赋分 |
|---|---|---|---|
| 顺畅 | 0 | 70 | 100 |
| 较顺畅 | 1 | 60 | 70 |
| 阻隔 | 2 | 40 | 40 |
| 严重阻隔 | 4 | 10 | 20 |
| 完全阻隔 | 12 | 0 | 0 |

（3）湖泊面积萎缩比例。采用评价年湖泊水面萎缩面积与历史参考年湖泊水面面积的比例表示，计算公式为

$$ASI = \left(1 - \frac{AC}{AR}\right) \times 100\% \qquad (2-2)$$

式中　$ASI$——湖泊面积萎缩比例，%；

　　　$AC$——评价年湖泊水面面积，$km^2$；

　　　$AR$——历史参考年湖泊水面面积，$km^2$。

历史参考年宜选择 20 世纪 80 年代末（1988 年《中华人民共和国河道管理条例》颁布之后）与评价年水文频率相近年份，赋分标准见表 2-5。

表 2 - 5 湖泊面积萎缩比例赋分标准表

| 湖泊面积萎缩比例/% | ≤5 | 10 | 20 | 30 | ≥40 |
|---|---|---|---|---|---|
| 赋分 | 100 | 60 | 30 | 10 | 0 |

（4）岸线自然状况。选取岸线自然状况指标评价河湖岸线健康状况，它包括河（湖）岸稳定性和岸线植被覆盖率两个方面。岸坡截面和岸坡俯视示意图见图 2 - 2。

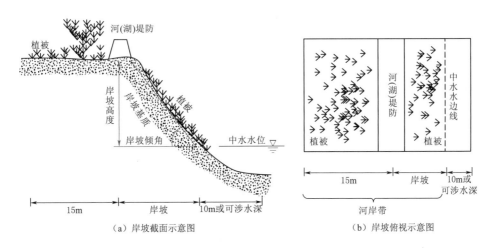

（a）岸坡截面示意图 　　（b）岸坡俯视示意图

图 2 - 2　河（湖）岸稳定性指标示意图

其中河（湖）岸稳定性计算公式为

$$BS_r = (SA_r + SC_r + SH_r + SM_r + ST_r)/5 \tag{2-3}$$

式中　$BS_r$——河（湖）岸稳定性赋分；

　　　$SA_r$——岸坡倾角分值；

　　　$SC_r$——岸坡植被覆盖度分值；

　　　$SH_r$——岸坡高度分值；

　　　$SM_r$——河岸基质分值；

　　　$ST_r$——坡脚冲刷强度分值。

河（湖）岸稳定性指标赋分标准见表 2 - 6。

表 2 - 6 河（湖）岸稳定性指标赋分标准表

| 河湖岸特征 | 稳　定 | 基本稳定 | 次不稳定 | 不稳定 |
|---|---|---|---|---|
| 分值 | 100 | 75 | 25 | 0 |
| 岸坡倾角/(°)　≤ | 15 | 30 | 45 | 60 |
| 岸坡植被覆盖度/m　≥ | 75 | 50 | 25 | 0 |
| 岸坡高度/m　≤ | 1 | 2 | 3 | 5 |
| 基质（类别） | 基岩 | 岩土 | 黏土 | 非黏土 |
| 河岸冲刷状况 | 无冲刷迹象 | 轻度冲刷 | 中度冲刷 | 重度冲刷 |

| 河湖岸特征 | 稳　定 | 基本稳定 | 次不稳定 | 不稳定 |
|---|---|---|---|---|
| 总体特征描述 | 近期内河湖岸不会发生变形破坏，无水土流失现象 | 河湖岸结构有松动发育迹象，有水土流失迹象，但近期不会发生变形和破坏 | 河湖岸松动裂痕发育趋势明显，一定条件下可导致河岸变形和破坏，中度水土流失 | 河湖岸水土流失严重，随时可能发生大的变形和破坏，或已经发生破坏 |

岸线植被覆盖率计算公式为

$$PC_r = \sum_{i=1}^{n} \frac{L_{vci}}{L} \times \frac{A_{ci}}{A_{ai}} \times 100\% \tag{2-4}$$

式中　$PC_r$——岸线植被覆盖率；

　　　$A_{ci}$——岸段 $i$ 的植被覆盖面积，$km^2$；

　　　$A_{ai}$——岸段 $i$ 的岸带面积，$km^2$；

　　　$L_{vci}$——岸段 $i$ 的长度，km；

　　　$L$——评价岸段的总长度，km。

岸线植被覆盖率指标赋分标准见表 2-7。

表 2-7　　　　　　　　　　　　岸线植被覆盖率指标赋分标准表

| 河湖岸线植被覆盖率/% | 说明 | 赋分 | 河湖岸线植被覆盖率/% | 说明 | 赋分 |
|---|---|---|---|---|---|
| 0～5 | 几乎无植被 | 0 | 50～75 | 高密度覆盖 | 75 |
| 5～25 | 植被稀疏 | 25 | >75 | 极高密度覆盖 | 100 |
| 25～50 | 中密度覆盖 | 50 | | | |

岸线状况指标分值计算公式为

$$BH = BS_r BS_w + PC_r PC_w \tag{2-5}$$

式中　$BH$——岸线状况赋分；

　　　$BS_r$——河（湖）岸稳定性赋分；

　　　$PC_r$——岸线植被覆盖率赋分；

　　　$BS_w$——河（湖）岸稳定性权重；

　　　$PC_w$——岸线植被覆盖率权重。

河流与湖泊计算方法及赋分相同，赋分标准见表 2-8。

表 2-8　　　　　　　　　　　　岸线状况指标权重表

| 序号 | 名　称 | 符　号 | 权　重 |
|---|---|---|---|
| 1 | 河（湖）岸稳定性 | $BS_w$ | 0.4 |
| 2 | 岸线植被覆盖率 | $PC_w$ | 0.6 |

（5）河岸带宽度指数。河岸带是水域与陆域系统间的过渡区域，是河流系统的保护屏障。通常，河槽宽度可以取临水边界线以内河槽宽度，河岸带宽度可取临水边界线与外缘边界线之间的宽度［临水边界线与外缘边界线确定方法参考水利部 2019 年印发的《河湖岸线保护与利用规划编制指南（试行）》］，适宜的左、右岸河岸宽度一般均应大于河槽的

0.4倍。这一要求可以通过河岸带宽度指数来反映。河岸带宽度指数是指单位河长内满足宽度要求的河岸长度。其计算公式为

$$AW = \frac{L_w}{L} \qquad (2-6)$$

式中　　$AW$——河岸带宽度指数；

　　　　$L_w$——满足河岸带宽度要求的河岸总长度，m；

　　　　$L$——河岸总长度，m。

对于不同类型的河流，其河岸带宽度发育程度不同，必须区别对待，采用不同的赋分标准，具体参见表2-9。

表2-9　　　　　　　　　　河岸带宽度指数赋分标准表

| 河岸带宽度指数 | | 说　明 | 赋　分 |
|---|---|---|---|
| 平原、丘陵河流 | 山区河流 | | |
| >0.8 | >0.8 | 河岸带宽度优良 | (80，100] |
| 0.7~0.8 | 0.6~0.8 | 河岸带宽度适中 | (60，80] |
| 0.6~0.7 | 0.45~0.6 | 河岸带宽度不足 | (40，60] |
| 0.5~0.6 | 0.3~0.45 | 河岸带宽度严重不足 | (20，40] |
| <0.5 | <0.3 | 河岸带宽度极度不足 | (0，20] |

（6）违规开发利用水域岸线程度。违规开发利用水域岸线程度综合考虑了入河（湖）排污口规范化建设率、入河（湖）排污口布局合理程度和河（湖）"四乱"状况，采用各指标的加权平均值，各指标权重可参考表2-10。

各分项指标计算赋分方法如下：

1）入河（湖）排污口规范化建设率。入河（湖）排污口规范化建设率是指已按照要求开展规范化建设的入河（湖）排污口数量比例。入河（湖）排污口规范化建设是指实现入河（湖）排污口"看得见、

表2-10　　违规开发利用水域岸线程度
指标权重表

| 序号 | 名　　称 | 权重 |
|---|---|---|
| 1 | 入河（湖）排污口规范化建设率 | 0.2 |
| 2 | 入河（湖）排污口布局合理程度 | 0.2 |
| 3 | 河（湖）"四乱"状况 | 0.6 |

可测量、有监控"的目标，其中包括：对暗管和潜没式排污口，要求在院墙外、入河（湖）前设置明渠段或取样井，以便监督采样；在排污口入河（湖）处树立内容规范的标志牌，公布举报电话和微信等其他举报途径；因地制宜，对重点排污口安装在线计量和视频监控设施，强化对其排污情况的实施监管和信息共享。

指标赋分值计算公式为

$$R_G = \frac{N_i}{N} \times 100\% \qquad (2-7)$$

式中　　$R_G$——入河（湖）排污口规范化建设率，%；

　　　　$N_i$——开展规范化建设的入河（湖）排污口数量，个；

　　　　$N$——入河（湖）排污口总数，个。

如出现日排放量大于300m³或年排放量大于10万 m³的未规范化建设的排污口，该

项得 0 分，赋分标准见表 2-11。

表 2-11 入河（湖）排污口规范化建设率评价赋分标准表

| 入河（湖）排污口规范化建设率 | 优 | 良 | 中 | 差 | 劣 |
|---|---|---|---|---|---|
| 赋分 | 100 | [90，100) | [60，90) | [20，60) | [0，20) |

2）入河（湖）排污口布局合理程度。评估入河（湖）排污口合规性及其混合区规模，赋分标准见表 2-12。取其中最差状况确定最终得分。

表 2-12 入河（湖）排污口布局合理程度赋分标准表

| 入河（湖）排污口设置情况 | 赋分 |
|---|---|
| 河（湖）水域无入河湖排污口 | 80~100 |
| （1）饮用水水源一、二级保护区均无入河（湖）排污口。<br>（2）仅排污控制区有入河（湖）排污口，且不影响邻近水功能区水质达标，其他水功能区无入河（湖）排污口 | 60~80 |
| （1）饮用水水源一、二级保护区均无入河（湖）排污口。<br>（2）河流：取水口上游 1km 无排污口；排污形成的污水带（混合区）长度小于 1km，或宽度小于 1/4 的河宽。<br>（3）湖：单个或多个排污口形成的污水带（混合区）面积总和占水域面积的 1%~5% | 40~60 |
| （1）饮用水水源二级保护区存在入河（湖）排污口。<br>（2）河流：取水口上游 1km 内有排污口；排污口形成污水带（混合区）长度大于 1km，或宽度为 1/4~1/2 的河宽。<br>（3）湖：单个或多个排污口形成的污水带（混合区）面积总和占水域面积的 5%~10% | 20~40 |
| （1）饮用水水源一级保护区存在入河（湖）排污口。<br>（2）河流：取水口上游 500m 内有排污口；排污口形成的污水带（混合区）长度大于 2km，或宽度大于 1/2 的河宽。<br>（3）湖：单个或多个排污口形成的污水带（混合区）面积总和超过水域面积的 10% | 0~20 |

3）河（湖）"四乱"状况。无"四乱"状况的河段/湖区赋分为 100 分，"四乱"扣分时应考虑其严重程度，扣完为止，赋分标准见表 2-13。河湖"四乱"问题及严重程度分类见《指南》附表 5。

表 2-13 河（湖）"四乱"状况赋分标准表

| 类　　型 | "四乱"问题扣分标准（每发现 1 处） | | |
|---|---|---|---|
| | 一般问题 | 较严重问题 | 重大问题 |
| 乱采 | -5 | -25 | -50 |
| 乱占 | -5 | -25 | -50 |
| 乱堆 | -5 | -25 | -50 |
| 乱建 | -5 | -25 | -50 |

2."水"

（1）水量。

1）生态流量/水位满足程度。对于常年有流量的河流，宜采用生态流量满足程度进行表征。分别计算 4—9 月及 10 月—次年 3 月最小日均流量占相应时段多年平均流量的百分比，赋分标准见表 2-14，取两者的最低赋分值为河流生态流量满足程度赋分。

表 2-14                         生态流量满足程度赋分标准表

| （10 月—次年 3 月）最小日均流量占比/% | ≥30 | 20 | 10 | 5 | <5 |
|---|---|---|---|---|---|
| 赋分 | 100 | 80 | 40 | 20 | 0 |
| （4—9 月）最小日均流量占比/% | ≥50 | 40 | 30 | 10 | <10 |
| 赋分 | 100 | 80 | 40 | 20 | 0 |

针对季节性河流，可根据丰、平、枯水年分别计算满足生态流量的天数占各水期天数的百分比，按计算结果百分比数值赋分。

2）最低生态水位满足程度。对于某些缺水河流，无法保障全年均有流量，可采用生态水位计算方法。采用近 30 年的 90% 保证率年最低水位作为生态水位，计算河流逐日水位满足生态水位的百分比，指标计算结果数即是对照的评分。对于资料覆盖度不高的区域，同一片区可采用流域规划确定的片区代表站生态水位最低值作为标准值。

湖泊最低生态水位宜选择规划或管理文件确定的限值，或采用天然水位资料法、湖泊形态法、生物空间最小需求法等确定。湖泊最低生态水位满足程度赋分标准见表 2-15。

表 2-15                     湖泊最低生态水位满足程度赋分标准表

| 湖泊最低生态水位满足程度 | 赋分 |
|---|---|
| 年内日均水位均高于最低生态水位 | 100 |
| 日均水位低于最低生态水位，但 3d 滑动平均水位不低于最低生态水位 | 75 |
| 3d 滑动平均水位低于最低生态水位，但 7d 滑动平均水位不低于最低生态水位 | 50 |
| 7d 滑动平均水位低于最低生态水位 | 30 |
| 60d 滑动平均水位低于最低生态水位 | 0 |

3）流量过程变异程度。河流流量过程变异程度计算评价年实测月径流量与天然月径流量的平均偏离程度（宜同时考虑丰水年、平水年、枯水年的差异性），计算公式为

$$FDI = \sqrt{\sum_{m=1}^{12}\left(\frac{q_m - Q_m}{\overline{Q}}\right)^2} \tag{2-8}$$

$$\overline{Q} = \frac{1}{12}\sum_{m=1}^{12}Q_m \tag{2-9}$$

式中   $FDI$——流量过程变异程度；

      $q_m$——评价年第 $m$ 月实测月径流量，$m^3/s$；

      $Q_m$——评价年第 $m$ 月天然月径流量，$m^3/s$；

      $\overline{Q}$——评价年天然月径流量年均值，$m^3/s$；

      $m$——评价年内月份的序号。

流量过程变异程度赋分标准见表 2-16。

表 2 - 16 　　　　　　　　　流量过程变异程度赋分标准表

| 流量过程变异程度 | ≤0.05 | 0.1 | 0.3 | 1.5 | ≥5 |
|---|---|---|---|---|---|
| 赋分 | 100 | 75 | 50 | 25 | 0 |

4）入湖流量变异程度。入湖流量变异程度，统计环湖河流的入湖实测月径流量与天然月径流的平均偏离程度（宜同时考虑丰水年、平水年、枯水年的差异性），计算公式为

$$FLI = \sqrt{\sum_{m=1}^{12}\left(\frac{r_m - R_m}{\overline{R}}\right)^2} \qquad (2-10)$$

$$r_m = \sum_{n=1}^{N} r_n \qquad (2-11)$$

$$R_m = \sum_{n=1}^{N} R_n \qquad (2-12)$$

$$\overline{R} = \frac{1}{12}\sum_{m=1}^{12} R_m \qquad (2-13)$$

式中　　$FLI$——入湖流量变异程度；

　　　　$r_m$——所有入湖河流第 $m$ 月实测月径流量，$m^3/s$；

　　　　$R_m$——所有入湖河流第 $m$ 月天然月径流量，$m^3/s$；

　　　　$\overline{R}$——所有入湖河流天然月径流量年均值，$m^3/s$；

　　　　$r_n$——第 $n$ 条入湖河流实测月径流量，$m^3/s$；

　　　　$R_n$——第 $n$ 条入湖河流天然月径流量，$m^3/s$；

　　　　$N$——所有入湖河流数量；

　　　　$m$——评价年内月份的序号。

入湖流量变异程度赋分标准见表 2 - 17。

表 2 - 17 　　　　　　　　　入湖流量变异程度赋分标准表

| 入湖流量变异程度 | ≤0.05 | 0.1 | 0.3 | 1.5 | ≥5 |
|---|---|---|---|---|---|
| 赋分 | 100 | 75 | 50 | 25 | 0 |

（2）水质。

1）水质优劣程度。水样的采样布点、监测频率及监测数据的处理应遵循《水环境监测规范》（SL 219—2018）相关规定，水质评价应遵循《地表水环境质量标准》（GB 3838—2002）相关规定。有多次监测数据时应采用多次监测结果的平均值，有多个断面监测数据时应以各监测断面的代表性河长作为权重，计算各个断面监测结果的加权平均值。

水质优劣程度评判时分项指标（如总磷、总氮、溶解氧等）选择应符合各地河湖长制水质指标考核的要求，由评价时段内最差水质项目的水质类别代表该河流（湖泊）的水质类别，将该项目实测浓度值依据 GB 3838—2002 水质类别标准值和对照评分阈值进行线性内插得到评分值，赋分采用线性插值，水质类别的对照评分见表 2 - 18。当有多个水质项目浓度均为最差水质类别时，分别进行评分计算，取最低值。

表 2-18                                                   水质优劣程度赋分标准表

| 水质类别 | Ⅰ、Ⅱ | Ⅲ | Ⅳ | Ⅴ | 劣Ⅴ |
|---|---|---|---|---|---|
| 赋分 | [90, 100] | [75, 90) | [60, 75) | [40, 60) | [0, 40) |

2) 湖泊营养状态。应按照《地表水资源质量评价技术规程》（SL 395）的规定评价湖泊营养状态指数。根据湖泊营养状态指数值确定湖泊营养状态赋分，赋分标准见表 2-19。

表 2-19                                                   湖泊营养状态赋分标准表

| 湖泊营养状态指数 | ≤10 | 42 | 50 | 65 | ≥70 |
|---|---|---|---|---|---|
| 赋分 | 100 | 80 | 60 | 10 | 0 |

3) 底泥污染状况。采用底泥污染指数即底泥中每一项污染物浓度占对应标准值的百分比进行评价。底泥污染指数赋分时选用超标浓度最高的污染物倍数值，赋分标准见表 2-20。污染物浓度标准值参考《土壤环境质量 农用地土壤污染风险管控标准（试行)》（GB 15618）。

表 2-20                                                   底泥污染状况赋分标准表

| 底泥污染指数 | <1 | 2 | 3 | 5 | ≥5 |
|---|---|---|---|---|---|
| 赋分 | 100 | 60 | 40 | 20 | 0 |

4) 水体自净能力。选择水中溶解氧浓度衡量水体自净能力，赋分标准见表 2-21。溶解氧对水生动植物十分重要，过高和过低的溶解氧浓度对水生生物均造成危害。饱和值与压强和温度有关，若溶解氧浓度超过当地大气压下饱和值的110%（在饱和值无法测算时，建议饱和值为 14.4mg/L 或饱和度为 192%），此项 0 分。

表 2-21                                                   水体自净能力赋分标准表

| 溶解氧浓度/(mg/L) | 饱和度≥90%（≥7.5） | ≥6 | ≥3 | ≥2 | 0 |
|---|---|---|---|---|---|
| 赋分 | 100 | 80 | 30 | 10 | 0 |

3. 生物

（1）大型底栖无脊椎动物生物完整性指数。大型底栖无脊椎动物生物完整性指数（BIBI）通过对比参考点和受损点大型底栖无脊椎动物状况进行评价。基于候选指标库选取核心评价指标，对评价河湖底栖生物调查数据按照评价参数分值计算方法计算 BIBI 指数监测值，根据河湖所在水生态分区 BIBI 最佳期望值 BIBIE 赋分计算公式为

$$BIBIS = \frac{BIBIO}{BIBIE} \times 100 \tag{2-14}$$

式中    $BIBIS$——评价河湖大型底栖无脊椎动物生物完整性指数赋分；

　　　　$BIBIO$——评价河湖大型底栖无脊椎动物生物完整性指数监测值；

　　　　$BIBIE$——河湖所在水生态分区大型底栖无脊椎动物生物完整性指数最佳期望值。

大型底栖无脊椎动物生物完整性指数赋分标准见表 2-22。

表 2-22　　　　　　　大型底栖无脊椎动物生物完整性指数赋分标准表

| 大型底栖无脊椎动物生物完整性指数 | 1.62 | 1.03 | 0.31 | 0.1 | 0 |
|---|---|---|---|---|---|
| 赋分 | 100 | 80 | 60 | 30 | 0 |

（2）鱼类保有指数。评价现状鱼类种数与历史参考点鱼类种数的差异状况，计算公式为

$$FOEI = \frac{FO}{FE} \times 100\%$$
（2-15）

式中　$FOEI$——鱼类保有指数，%；

　　　　$FO$——评价河湖调查获得的鱼类种类数量（剔除外来物种），种；

　　　　$FE$——1980 年以前评价河湖的鱼类种类数量，种。

鱼类保有指数赋分标准见表 2-23。对于无法获取历史鱼类监测数据的评价区域，可采用专家咨询的方法确定。调查鱼类种数不包括外来鱼种。鱼类调查取样监测可按《水库渔业资源调查规范》（SL 167）等鱼类调查技术标准确定。

表 2-23　　　　　　　　　　　鱼类保有指数赋分标准表

| 鱼类保有指数/% | 100 | 75 | 50 | 25 | 0 |
|---|---|---|---|---|---|
| 赋分 | 100 | 60 | 30 | 10 | 0 |

（3）水鸟状况。调查评价河湖内鸟类的种类、数量，结合现场观测记录（如照片）作为赋分依据，赋分见表 2-24。水鸟状况赋分也可采用参考点倍数法，以河湖水质及形态重大变化前的历史参考时段的监测数据为基点，宜采用 20 世纪 80 年代或以前的监测数据。

表 2-24　　　　　　　　　　　鸟类栖息地状况赋分标准表

| 水鸟栖息地状况分级 | 描　　述 | 赋分 |
|---|---|---|
| 好 | 种类、数量多，有珍稀鸟类 | 100～90 |
| 较好 | 种类、数量比较多，常见 | 90～80 |
| 一般 | 种类，数量比较少，偶尔可见 | 80～60 |
| 较差 | 种类少，难以观测到 | 60～30 |
| 非常差 | 任何时候都没有见到 | 0～30 |

（4）水生植物群落状况。水生植物群落包括挺水植物、沉水植物、浮叶植物和漂浮植物以及湿生植物。评价河道每 5～10km 选取 1 个评价断面，对断面区域水生植物种类、数量、外来物种入侵状况进行调查，结合现场验证，按照丰富、较丰富、一般、较少、无 5 个等级分析水生植物群落状况。水生植物群落状况赋分标准见表 2-25，取各断面赋分平均值作为水生植物群落状况得分。

表 2 - 25　　　　　　　　　　　　水生植物群落状况赋分标准表

| 水生植物群落状况分级 | 指 标 描 述 | 赋分 |
|---|---|---|
| 丰富 | 水生植物种类很多，配置合理，植株密闭 | 100～90 |
| 较丰富 | 水生植物种类多，配置较合理，植株数量多 | 90～80 |
| 一般 | 水生植物种类尚多，植株数量不多且散布 | 80～60 |
| 较少 | 水生植物种类单一，植株数量很少且稀疏 | 60～30 |
| 无 | 难以观测到水生植物 | 30～0 |

（5）浮游植物密度。浮游植物密度指标评价根据实际情况选用参考点倍数法和直接评判赋分法。参考点倍数法是对于同一生态分区或湖泊地理分区中湖泊类型相近、未受人类活动影响或影响轻微的湖泊，以湖泊水质及形态重大变化前的历史参考时段的监测数据为基点，宜采用 20 世纪 80 年代或以前的监测数据。评价年浮游植物密度除以该历史基点计算其倍数，浮游植物密度赋分标准见表 2 - 26。

表 2 - 26　　　　　　　浮游植物密度赋分标准表（参考点倍数法）

| 浮游植物密度倍数 | ≤1 | 10 | 50 | 100 | ≥150 |
|---|---|---|---|---|---|
| 赋分 | 100 | 60 | 40 | 20 | 0 |

直接评判赋分法适用于无参考点时，浮游植物密度赋分标准见表 2 - 27。

表 2 - 27　　　　　　　浮游植物密度赋分标准表（直接评判赋分法）

| 浮游植物密度/（万个/L） | ≤1 | 200 | 500 | 1000 | ≥5000 |
|---|---|---|---|---|---|
| 赋分 | 100 | 60 | 40 | 30 | 0 |

（6）大型水生植物覆盖度。大型水生植物覆盖度评价河湖岸带湖向水域内的挺水植物、浮叶植物、沉水植物和漂浮植物四类植物中非外来物种的总覆盖度，可根据实际情况选用下列方法：

1）参考点比对赋分法。以同一生态分区或湖泊地理分区中湖泊类型相近、未受人类活动影响或影响轻微的湖泊，或选择评价湖泊在湖泊形态及水体水质重大改变前的某一历史时段作为参考点，确定评价湖泊大型水生植物覆盖度评价标准；以评价年大型水生植物覆盖度除以该参考点标准计算其百分比，赋分标准见表 2 - 28。

2）直接评判赋分法。湖泊大型水生植物覆盖度赋分标准见表 2 - 29。

表 2 - 28　　　　　参考点比对赋分法大型水生植物覆盖度赋分标准表

| 大型水生植物覆盖度变化比例/% | ≤5 | 10 | 25 | 50 | ≥75 |
|---|---|---|---|---|---|
| 说明 | 接近参考点状况 | 与参考点状况有较小差异 | 与参考点状况有中度差异 | 与参考点状况有较大差异 | 与参考点状况有显著差异 |
| 赋分 | 100 | 75 | 50 | 25 | 0 |

表 2-29　　　　　　　直接评判赋分法大型水生植物覆盖度赋分标准表

| 大型水生植物覆盖度/% | >75 | 40~75 | 10~40 | 0~10 | 0 |
| --- | --- | --- | --- | --- | --- |
| 说明 | 极高密度覆盖 | 高密度覆盖 | 中密度覆盖 | 植被稀疏 | 无该类植被 |
| 赋分 | 75~100 | 50~75 | 25~50 | 0~25 | 0 |

**4. 社会服务功能**

（1）防洪达标率。防洪达标率用来评价河湖堤防及沿河（环湖）口门建筑物防洪达标情况。河流防洪达标率统计达到防洪标准的堤防长度占堤防总长度的比例，有堤防交叉建筑物的，须考虑堤防交叉建筑物防洪标准达标比例，其计算公式为

$$FDRI = \left( \frac{RDA}{RD} + \frac{SL}{SSL} \right) \times \frac{1}{2} \times 100\% \tag{2-16}$$

湖泊同时还应评价环湖口门建筑物满足设计标准的比例，其计算公式为

$$FDLI = \left( \frac{LDA}{LD} + \frac{GWA}{DW} \right) \times \frac{1}{2} \times 100\% \tag{2-17}$$

式中　$FDRI$——河流防洪工程达标率，%；

　　　$RDA$——河流达到防洪标准的堤防长度，m；

　　　$RD$——河流堤防总长度，m；

　　　$SL$——河流堤防交叉建筑物达标个数；

　　　$SSL$——河流堤防交叉建筑物总个数；

　　　$FDLI$——湖泊防洪工程达标率，%；

　　　$LDA$——湖泊达到防洪标准的堤防长度，m；

　　　$LD$——湖泊堤防总长度，m；

　　　$GWA$——环湖达标口门宽度，m；

　　　$DW$——环湖口门总宽度，m。

无相关规划对防洪达标标准规定时，可参照《防洪标准》（GB 50201）确定。防洪达标率赋分标准见表 2-30。

表 2-30　　　　　　　　　　　防洪达标率赋分标准表

| 防洪达标率/% | ≥95 | 90 | 85 | 70 | ≤50 |
| --- | --- | --- | --- | --- | --- |
| 赋分 | 100 | 75 | 50 | 25 | 0 |

（2）供水水量保证程度。供水水量保证程度等于一年内河湖逐日水位或流量达到供水保证水位或流量的天数占年内总天数的百分比，其计算公式为

$$R_{gs} = \frac{D_o}{D_n} \times 100\% \tag{2-18}$$

式中　$R_{gs}$——供水水量保证程度；

　　　$D_o$——水位或流量达到供水保证水位或流量的天数，天；

　　　$D_n$——一年内总天数，天。

供水水量保证程度赋分标准见表 2-31，赋分采用区间内线性插值。

表 2-31 供水水量保证程度赋分标准表

| 供水水量保证程度/% | [95, 100] | [85, 95) | [60, 85) | [20, 60) | [0, 20) |
|---|---|---|---|---|---|
| 赋分 | 100 | [85, 100] | [60, 85) | [20, 60) | [0, 20] |

（3）河流（湖泊）集中式饮用水水源地水质达标率。河流（湖泊）集中式饮用水水源地水质达标率指达标的集中式饮用水水源地（地表水）个数占评价河流（湖泊）集中式饮用水水源地总数的百分比，计算公式为

$$河流（湖泊）集中式饮用水水源地水质达标率 = \frac{达标集中式饮用水水源地个数}{评价河流（湖泊）集中式饮用水水源地总数} \times 100\%$$

（2-19）

其中，单个集中式饮用水水源地采用全年内监测的均值进行评价，参评指标取 GB 3838—2002 的地表水环境质量标准评价的 24 个基本指标和 5 项集中式饮用水水源地补充指标。评分对照表见表 2-32。

表 2-32 河流（湖泊）集中式饮用水水源地水质达标率评分对照表

| 河流（湖泊）集中式饮用水水源地水质达标率/% | [95, 100] | [85, 95) | [60, 85) | [20, 60) | [0, 20) |
|---|---|---|---|---|---|
| 赋分 | 100 | [85, 100] | [60, 85) | [20, 60) | [0, 20] |

（4）岸线利用管理指数。岸线利用管理指数指河流岸线保护完好程度，计算公式为

$$R_u = \frac{L_n - L_u + L_0}{L_n} \times 100\%$$

$$岸线利用管理指数赋分值 = 岸线利用管理指数 \times 100 \quad (2-20)$$

式中   $R_u$——岸线利用管理指数；

      $L_u$——已开发利用岸线长度，km；

      $L_n$——岸线总长度，km；

      $L_0$——已利用岸线经保护完好的长度，km。

岸线利用管理指数包括两个组成部分：①岸线利用率，即已利用生产岸线长度占河岸线总长度的百分比；②已利用岸线完好率，即已利用生产岸线经保护恢复原状的长度占已利用生产岸线总长度的百分比。

（5）通航保证率。按年计，通航保证率 $N_d$ 为正常通航天数 $N_n$ 占全年总天数的比例，即

$$N_d = \frac{N_n}{365} \times 100\% \quad (2-21)$$

式中   $N_n$——全年内正常通航的天数，以天计算，可统计全年河湖水位位于最高通航水位和最低通航水位之间的天数，赋分标准见表 2-33～表 2-35，赋分采用区间内线性插值。

**表 2 - 33**　　　　　　　Ⅰ、Ⅱ级航道通航保证率赋分标准表

| 通航保证率/% | [98, 100] | [96, 98) | [94, 96) | [92, 94) | [0, 92) |
|---|---|---|---|---|---|
| 赋分 | 100 | [80, 100) | [60, 80) | [40, 60] | 0 |

**表 2 - 34**　　　　　　　Ⅲ、Ⅳ级航道通航保证率赋分标准表

| 通航保证率/% | [95, 100] | [91, 95) | [87, 91) | [83, 87) | [0, 83) |
|---|---|---|---|---|---|
| 赋分 | 100 | [80, 100) | [60, 80) | [40, 60] | 0 |

**表 2 - 35**　　　　　　　Ⅴ～Ⅶ级航道通航保证率赋分标准表

| 通航保证率/% | [90, 100] | [85, 90) | [80, 85) | [75, 80) | [0, 75) |
|---|---|---|---|---|---|
| 赋分 | 100 | [80, 100) | [60, 80) | [40, 60] | 0 |

（6）公众满意度。评价公众对河湖环境、水质水量、涉水景观等的满意程度，采用公众调查方法评价，其赋分取评价流域（区域）内参与调查的公众赋分的平均值。公众满意度的赋分标准见表 2-36，赋分采用区间内线性插值，公众满意度问卷样表见表 2-37。

**表 2 - 36**　　　　　　　　公众满意度指标赋分标准表

| 公众满意度 | [95, 100] | [80, 95) | [60, 80) | [30, 60) | [0, 30) |
|---|---|---|---|---|---|
| 赋分 | 100 | 80 | 60 | 30 | 0 |

**表 2 - 37**　　　　　　　　河湖健康评价公众满意度问卷样表

| 防洪安全状况 | | 岸　线　状　况 | | | |
|---|---|---|---|---|---|
| 洪水漫溢现象 | | 河岸乱采、乱占、乱堆、乱建情况 | | 河岸破损情况 | |
| 经常 | □ | 严重 | □ | 严重 | □ |
| 偶尔 | □ | 一般 | □ | 一般 | □ |
| 不存在 | □ | 无 | □ | 无 | □ |
| 水质状况 | | | | 水生态状况 | |
| 透明度 | 清澈 | □ | 鱼类 | 数量多 | □ |
| | 一般 | □ | | 一般 | □ |
| | 浑浊 | □ | | 数量少 | □ |
| 颜色 | 优美 | □ | 水草 | 太多 | □ |
| | 一般 | □ | | 正常 | □ |
| | 异常 | □ | | 太少 | □ |
| 垃圾、漂浮物 | 多 | □ | 水鸟 | 数量多 | □ |
| | 一般 | □ | | 一般 | □ |
| | 无 | □ | | 数量少 | □ |

| 水环境状况 | | | | | |
|---|---|---|---|---|---|
| 景观绿化情况 | 优美 | □ | 娱乐休闲活动 | 适合 | □ |
| | 一般 | □ | | 一般 | □ |
| | 较差 | □ | | 不适合 | □ |

| 对河湖满意度程度调查 | | |
|---|---|---|
| 总体满意程度 | 不满意的原因是什么？ | 希望的状况是什么样的？ |
| 很满意（90～100） | | |
| 满意（75～90） | | |
| 基本满意（60～75） | | |
| 不满意（0～60） | | |

5．自选指标评价标准建立

（1）河湖健康评价指标可采用下列方法确定评价标准：

1）基于评价河湖所在生态分区的背景调查，根据参考点状况确定评价标准。涉及生物方面的指标宜采用该类方法。

2）根据现有标准或在河湖管理工作中广泛应用的标准确定评价标准。在已颁布的标准中有规定的指标宜采用该类方法。

3）基于历史调查数据确定评价标准。宜选择人类活动干扰影响相对较低的某个时间节点的状态作为评价标准，可选择 20 世纪 80 年代或以前的调查评价成果作为评价标准的依据。

4）基于专家判断或管理预期目标确定评价标准。社会服务可持续性准则层指标宜采用该类方法，鱼类调查资料缺乏时也可采用此方法。

（2）河湖健康评价指标可采用一种方法或几种方法综合确定评价标准。根据上述方法确定的评价标准应经过典型河湖评价检验后方可应用。

### 2.2.3.4 准则层赋分权重

河湖健康评价采用分级指标评分法，逐级加权，综合计算评分，赋分权重应符合表 2－38 的规定。

表 2－38    河湖健康准则层赋分权重表

| 目　标　层 | 准　则　层 | | |
|---|---|---|---|
| 名称 | 名称 | | 权重 |
| 河湖健康 | "盆" | | 0.2 |
| | "水" | 水量 | 0.3 |
| | | 水质 | |
| | 生物 | | 0.2 |
| | 社会服务功能 | | 0.3 |

评价河段或评价湖区健康状况赋分要求如下：

（1）评价河段或评价湖区指标赋分值应根据评价河段或评价湖区代表值，按本《指南》规定的评价方法与标准计算。

（2）根据准则层内评价指标权重，计算评价河段或评价湖区准则层赋分。评价指标赋分权重可根据实际情况确定，必选指标的权重应高于备选指标及自选指标的权重。

**2.2.3.5　河湖健康评价赋分计算方法**

（1）大型底栖无脊椎动物生物完整性指数、鱼类保有指数、水鸟状况、浮游植物密度和大型水生植物覆盖度等监测时应设置多个重复样的水生生物类群，应将监测断面同类群的样品综合为一个数据进行分析，作为监测河段或监测湖泊区的评价代表值。

（2）在评价河段或湖泊区设置有多个监测点位的指标，河流可采用监测点位代表河长、湖泊以代表水面面积为权重加权平均确定指标代表值。

（3）河流纵向连通指数、湖泊连通指数、湖泊面积萎缩比例、河流（湖泊）集中式饮用水水源地水质达标率、公众满意度、防洪达标率、供水水量保证程度等评价指标的代表值可根据河湖整体状况确定。

（4）对河湖健康进行综合评价时，按照目标层、准则层及指标层逐层加权的方法，计算得到河湖健康最终评价结果，计算公式为

$$RHI_i = \sum^m YMB_{mw} \times \sum^n ZB_{nw} \times ZB_{nr} \qquad (2-22)$$

式中　$RHI_i$——第 $i$ 个评价河段或评价湖泊区河湖健康综合赋分；

　　　　$ZB_{nw}$——指标层第 $n$ 个指标的权重（具体值按照专家咨询或当地标准来定）；

　　　　$ZB_{nr}$——指标层第 $n$ 个指标的赋分；

　　　　$YMB_{mw}$——准则层第 $m$ 个准则层的权重。

河流、湖泊分别采用河段长度、湖泊水面面积为权重进行河湖健康赋分计算，公式为

$$RHI = \frac{\sum\limits_{i=1}^{R_s}(RHI_i \times W_i)}{\sum\limits_{i=1}^{R_s}W_i} \qquad (2-23)$$

式中　$RHI$——河湖健康综合赋分；

　　　　$RHI_i$——第 $i$ 个评价河段或评价湖泊区河湖健康综合赋分；

　　　　$W_i$——第 $i$ 个评价河段的长度，km，或第 $i$ 个评价湖区的水面面积，km$^2$；

　　　　$R_s$——评价河段数量或评价湖泊区个数，个。

**2.2.3.6　河湖健康评价成果展示**

河湖健康评价成果展示可采用百分制赋分条和雷达图形式，见图 2-3～图 2-5。

**2.2.3.7　评价分类标准**

（1）河湖健康分为一类河湖（非常健康）、二类河湖（健康）、三类河湖（亚健康）、四类河湖（不健康）、五类河湖（劣态）五类。

（2）河湖健康分类根据评估指标综合赋分确定，采用百分制，河湖健康分类、状态、赋分范围、颜色和 RGB 色值说明见表 2-39。

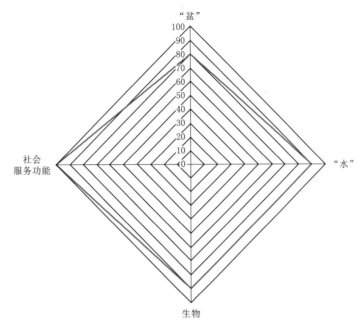

图 2-3 河湖健康准则层赋分示意图

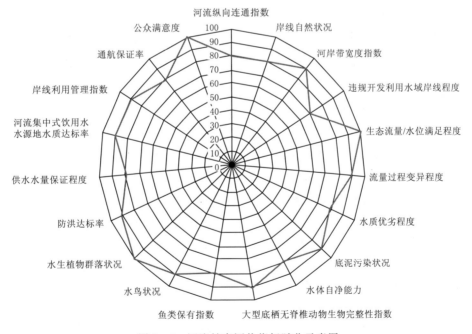

图 2-4 河流健康评价指标赋分示意图

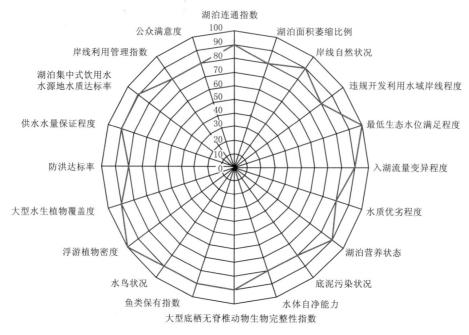

图 2-5　湖泊健康评价指标赋分示意图

表 2-39　　　　　　　　　　　　　　河湖健康评价分类表

| 分类 | 状态 | 赋分范围 | 颜色 | RGB 色值 |
|---|---|---|---|---|
| 一类河湖 | 非常健康 | $90 \leqslant RHI \leqslant 100$ | 蓝 | 0，180，255 |
| 二类河湖 | 健康 | $75 \leqslant RHI < 90$ | 绿 | 150，200，80 |
| 三类河湖 | 亚健康 | $60 \leqslant RHI < 75$ | 黄 | 255，255，0 |
| 四类河湖 | 不健康 | $40 \leqslant RHI < 60$ | 橙 | 255，165，0 |
| 五类河湖 | 劣态 | $RHI < 40$ | 红 | 255，0，0 |

#### 2.2.3.8　河湖健康综合评价

（1）评定为一类河湖，说明河湖在形态结构完整性、水生态完整性与抗扰动弹性、生物多样性、社会服务功能可持续性等方面都保持非常健康状态。

（2）评定为二类河湖，说明河湖在形态结构完整性、水生态完整性与抗扰动弹性、生物多样性、社会服务功能可持续性等方面保持健康状态，但在某些方面还存在一定缺陷，应当加强日常管护，持续对河湖健康提档升级。

（3）评定为三类河湖，说明河湖在形态结构完整性、水生态完整性与抗扰动弹性、生物多样性、社会服务功能可持续性等方面存在缺陷，处于亚健康状态，应当加强日常维护和监管力度，及时对局部缺陷进行治理修复，消除影响健康的隐患。

（4）评定为四类河湖，说明河湖在形态结构完整性、水生态完整性与抗扰动弹性、生物多样性等方面存在明显缺陷，处于不健康状态，社会服务功能难以发挥，应当采取综合措施对河湖进行治理修复，改善河湖面貌，提升河湖水环境水生态。

（5）评定为五类河湖，说明河湖在形态结构完整性、水生态完整性与抗扰动弹性、生物多样性等方面存在非常严重问题，处于劣性状态，社会服务功能丧失，必须采取根本性措施，重塑河湖形态和生境。

# 参 考 文 献

［1］ 王站付，胡鑫. 河流生态健康评价在生态河道建设中的重要意义［J］// 中国水利环保产业联合会. 中国（国际）水务高峰论坛——2014 河湖健康与生态文明建设大会论文集［R］. 2015.

［2］ 曾德惠，姜风岐，范志平，等. 生态系统健康与人类可持续发展［J］. 应用生态学报，1999，10（6）：751 - 756.

［3］ 卢志娟，裴洪平，汪勇. 西湖生态系统健康评价初探［J］. 湖泊科学，2008，20（6）：802 - 805.

［4］ 尹志杰，刘晓敏，陈星. 湖岸带健康状况综合评价与生态环境保护——以常熟市南湖荡为例［J］. 安徽农业科学，2011，39（6）：3485 - 3487.

［5］ 袁辉，工里奥，黄川，等. 三峡库区消落带保护利用模式及生态健康评价［J］. 中国软科学，2006（5）：120 - 127.

［6］ 汪兴中，蔡庆华，李风清，等. 南水北调中线水源区溪流生态系统健康评价［J］. 生态学杂志，2010，29（10）：301 - 308.

［7］ 尤洋，等. 温榆河生态河流健康评价研究［J］. 水资源与水工程学报，2009，20（3）：19 - 24.

［8］ 董哲仁. 生态水利工程原理与技术［M］. 北京：中国水利水电出版社，2007.

［9］ 南京水利科学研究院. 河湖健康评价指南（试行）［R］. 2020.

# 第3章 河湖生态系统治理模式与技术

河湖水体污染的来源主要有农业生产使用的化肥、农药污染；畜禽水产养殖中的废弃物污染；工业生产废水、冲洗废水；工业废气进入大气形成的酸雨；居民日常生活产生的洗浴等污染。国际上按照污染物排放的特点将水体污染源划分为点源污染和非点源污染两类。

点源污染是指通常有固定的排污口集中排放、排污途径明确的点状分布污染，主要包括工业企业生产废水排放污染和建有排污管网的居民生活污水排放污染；非点源污染是指没有固定污染排放点的污染，即溶解的和固体的污染物从非特定的地点，以广域的、分散的、微量的形式，在降水（或融雪）冲刷作用下，通过径流过程而汇入受纳水体（包括河流、湖泊、水库和海湾等）并引起水体的富营养化或其他形式的污染。

由于我国城市居民规模较大且相对集中，排污管网建设较为发达，而农村地域广袤，居民点分散，一般没有建设排污管网，因此，将城市生活污染归入点源污染，农村生活污染归入非点源污染。据此，水体污染源类型可以分为包括工业污染、城市生活污染的点源污染和包括农业污染、农村生活污染的非点源污染。此外，大气干湿沉降、底泥二次污染和生物污染也属于非点源污染。

河流是指由一定流域内地表水和地下水补给，经常或间歇地沿着狭长凹地流动的水流。河流一般发源于高山，经过山地、平原流入湖泊或海洋。河流的划分方法很多，按照河流所处的地貌不同，河流分为山区河流和平原河流。下面分别介绍两种河流的治理模式。

## 3.1 治 理 模 式

### 3.1.1 山区河流治理模式

1. 山区河流特点

我国北方山区河流处于干旱半干旱地带，横断面结构示意图见图 3-1。其冬季寒冷漫长，夏季炎热短促，山区大小河流众多，这些山区河流具有如下特点：

（1）山区河流两岸山坡多为岩土结构，由于人为破坏与暴雨或持续降雨，造成山区水土流失严重，大量的泥沙和石块被冲下山体汇入河流，不仅增大了北方山区河流的防洪压力，而且对山区河流生态系统造成了严重的危害。

（2）山区河流由于坡度陡、产汇流时间短、流速大，导致河道冲刷强、河道的形态和

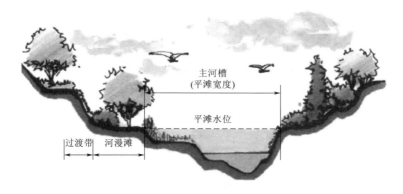

图 3-1 典型山溪性河道横断面结构示意图

植被单一、河床侵蚀严重等生态破坏现象。

（3）山区河流多为季节性河流，降雨少且季节分配不均，汛期和融雪期水流峰高量大，不仅洪灾频发，威胁下游堤防安全，宝贵的水资源也白白流走；非汛期水资源极度缺乏，水力连通性差，不利于植被及微生物的生存，破坏了生态系统的稳定性。

（4）在汛期和融雪期时，径流污染产生时间短、发生面积广，导致山区河流面源污染严重，控制难度较大。

南方山区河流上游岸坡土层薄、坡面陡、水肥条件差、河流坡降大。中下游河流多呈现河面宽、边滩沙洲多、植物种类丰富等特点。山区河流一般不利于通航，但有丰富的水力资源，其汛期降雨集中，水位暴涨暴落，流量变幅大，枯水季节水位低、流量小，平时流量多、流速大、冲刷力强，水土流失大，例如，浙江省水土流失集中在占陆域面积60%的山丘地区。

**2. 山区河流现状**

各地不同程度地开展了山区河流的系统建设。但就总体而言，河流整治建设主要是采取传统的设计方法和技术，结构上过分注重护岸与基础。这种设计理念虽然对确保河流两岸经济与社会发展具有重大作用，但一定程度上也对河流生态系统造成了一定的负面影响。随着人们对生态的认识和观念的转变，在注重人与自然和谐相处的今天，河流的生态建设问题备受关注。

（1）忽略了河流自然岸线的合理性。在自然界长期的演变过程中，河流的走向也处于演变之中，使得弯曲与裁弯两种作用交替发生，但是弯曲或微弯是河流的主要形态，也有不少自然状态的河流处于分岔散乱状态。当为了防洪需要或对河流进行开发时，往往将散乱状态的河流集中成一条主流，对于弯曲的河流未经充分论证而实施裁弯取直，把河流自然弯曲的状态改变成直线或折线（图3-2）。这样虽然降低了工程造价或者提高了土地利用率，却忽略了河流自然岸线的合理性，使自然河流中主流、浅滩和急流相间的格局改变，从而导致鱼类等水生生物栖息、产卵的浅滩和深潭结构丧失。由此产生的结果是河流生态系统的作用越来越小，水质恶化、生境的丧失或被阻断、物种减少等生态系统退化。

（2）河流被非连续化、硬化、渠化。由于修建大坝、堤防，河流被非连续化（图3-3）。人们在以往的河流护岸工程中采用传统的设计方法和技术，主要考虑的是河流的安全性问题。建设河流的护岸形式主要为混凝土直立式挡墙或浆砌石挡墙。片面追求河岸的硬化覆盖，只考虑河流的行洪排涝功能，而没有充分认识到人工构造物对生物和生态环境的影响。由于河流水体与河流土体完全隔绝，使水系与土地及其生物环境相分离，有些生态功能随之消失，渠道化了的河流本身缺乏生态功能，使河流生态多样性丧失，生物的生存条件被破坏，地下水与地表水的交换通道和植物向水中补充氧气的路径被阻断，丧失了生物多样性的基本特征，特别是一些对人类有益的或有潜在价值的物种消失。河流失去了自净能力，加剧了水污染的程度。

图 3-2 被人工直线化的河流

图 3-3 非连续化的河流

3. 山区河流治理模式

（1）滩地与深潭的保留与利用。河漫滩与深潭是山区河流的特有组成部分，利于洪水期行洪滞洪。城市周边的河漫滩设计应保留其滞洪功能，可以附加设计休闲、亲水功能，满足人们的娱乐、健身的需求。另外，河流的蜿蜒性有利于保留生物多样性，为各种水生物、微生物创造适宜的生存环境。以往的河流整治多采用截弯取直或渠化的方式，导致河流自然特征结构丧失。如河流的深浅交替，有利多种水生物生存繁衍，形成多样化的食物链，也有利于增强河流的自净能力。为了恢复河流浅滩与深潭交替，应避免传统的河流直线性设计。一是根据河床演变趋势，结合河床的结构等特点确定河流形态，依照河床调整好水头和流向。二是依据原有地形地貌，顺应其蜿蜒性，同时保持河流深浅交替，不随意将河流截弯取直，防止河流渠化。

（2）复式断面的设计。山区河流在河滩段可采用复式断面设计。枯水季节河流流量较小，河水只流经河流主槽，洪水来临时，允许洪水流过河滩。由于该类截面积大，洪水的水位很低，一般不需要建立高的堤坝。由于洪水季节短，枯水期根据滩地形，可以结合河滩宽度根据当地的需求进行开发。例如如果沙滩宽，可以考虑建设足球场和其他大型体育场地；如果河滩面积小，可以建公园、亲水长廊和其他小的户外活动场所。

（3）防冲不防淹的低堤坝设计。山区河流具有河床坡降陡、洪水水位高、持续时间短、流量相对集中的特点，而且对河岸冲刷严重。可以考虑采用矮堤设计，提高其稳定性和抗冲能力，允许低频率洪水漫坝，还河流以空间，给洪水以出路，确保堤坝冲而不垮，农田冲而不毁。以防洪为主要功能的农村河道，堤防基础冲刷严重，可使用松木桩提高堤防安全性和抗冲能力，而且投资也不大。

（4）采用生物固堤，减少堤防硬化。对于乡村田间河道，除个别冲刷严重河岸需筑堤护坡外，应尽量维持原有的自然面貌，保持天然状态下的岸滩、江心洲、岸线等自然形态，维持河道两岸的行洪滩地，保留原有的湿地生态环境，减少由于工程对自然面貌和生态环境的破坏。在堤防建设中，可采用大块鹅卵石堆砌、干砌块石等护岸方式，使河岸趋于自然形态。在冲刷严重的河岸堤防内侧种植根系发达的树种如水杉等，可提高堤防的抗冲能力。

（5）景观与文化。山区性河道景观要求应体现山清水秀、自然清纯的天然风貌，有历史积淀的城镇河道应保留历史遗留的有价值的堤、桥、路、滩等构成的人文景观。城镇河段的河道景观建设应与城镇的定位、文化、风格、历史、人文等要素相协调，注意保留天然的美学价值，形成错落有致的河、岸、园、林、路、水、山结合的城镇景观，造成一种人与自然亲近的环境，减少水利工程的混凝土与砌石对景观的破坏。乡村河道主要维持原有的自然景观，保护和利用河道原有的河道风貌。

## 3.1.2　平原河流治理模式

1. 平原河流特点

按照流经的地域不同，河流可分为山区河流和平原河流。相对于山区河流，平原河流具有河流密度大，往往呈"网状"水系；河流纵坡较小，流速平缓，一些河流存在双向流现象；多数平原河流具有通航要求；河网地区经济发达，人口稠密，污染源多，污染负荷大等特点。

2. 平原河流现状

平原区水网密布，河流纵横，自然条件优越，随着经济和社会的不断发展，平原河流除了被渠化、硬化和非连续化以外，还面临着以下诸多问题：

（1）河流污染，水环境问题突出。河网地区在非排水季节是一个封闭的水域，环境容量较小。随着生活污水和工业废污水向水域的排放不断增加，污染物成分日趋复杂，严重超出了水体自净能力，使河流水质受到污染，影响了人们的生活。

（2）侵占水域现象较为普遍。水域不仅在生态系统中起着基础性的作用，也是人类抗衡自然灾害，实现人与自然和谐相处的重要载体。近年来，随着经济的发展和城镇建设步伐的加快，水域侵占（主要对象是河流）现象较为普遍，部分河流成为死水潭、断头浜，河流生态系统严重退化，甚至完全消失。水域的侵占造成河流过水断面减小，降低了河流的调蓄能力，增加了洪涝风险。

（3）河流管护机制尚不完善。相关部门"重建设、轻管理"的发展模式还未发生改变，河流维护经费不足，存在着养护难的问题；加上人们对河流维护意识还比较淡泊，沿岸绿化带人为开垦种植、砍割放牧等现象屡有发生，影响了河流生态和环境效益的发挥。

3. 平原河流生态治理模式

平原河流生态治理模式主要包括水环境治理、河流结构以及景观与文化三个方面。

（1）水环境治理。水环境治理是以污水处理为重点的水污染控制，主要以水质的化学指标达标为目的。主要内容包括以下方面：

1）以小流域整治和雨污分流为重点，加强污水排放收集和处理设施建设。调整其工业产业结构，逐步形成工业项目的聚集区，并严格控制目前集中污水处理厂服务区域外所有单位的污水的达标排放。农村地区推广生产生活废水简易处理方法，从根本上减少污水排入河流。

2）控制农业面源污染。农业面源污染是由于农业废弃物未得到有效处置及过度使用化肥引起的。控制农业面源污染的首要任务是发展绿色农业，控制化肥施用量，提倡有机肥或有机复混肥，提高化肥利用率，降低化肥中硝酸盐随雨水的流失，避免污染河流水质。

3）疏浚河流。有计划地实施河流清淤、清障、拓宽等工程，提高河流槽蓄和水动力条件，增强河流自净能力。

4）建立科学合理的调水机制。通过科学合理的调水，提高水环境容量，使得河流自净能力得以维持或发挥，实现水资源可持续利用的目标，满足经济、社会及生态环境需求。

（2）河流结构。河流生态修复工程的设计，首先要满足水文学和工程力学原理，确保工程的安全性、稳定性和耐久性。

平原河网水位变幅较小，河流断面正常水位以下可采用矩形干砌块石，正常水位以上采用乱石护坡，以增加水生动物生存空间和消减船行波冲刷，有利于堤防保护和生态环境的改善。另外，具有防洪或通航功能的河流，堤防基础也可采用松木桩，其具有投资省、整体性能好、抗冲能力强等特点。

（3）景观与文化。位于城镇等人口密集区域周边的河流，在绿化河岸和设置道路时，需综合考虑和体现河流安全和亲水、景观等功能，使生态修复工程与两岸景观融为一体，与地区文化、历史、环境相协调，提高城镇品位，营造人居和谐居住环境。突出水景设计，掩盖堤防特征，使人走在堤边而又无堤之感觉，建设亲水平台，塑造石、水、绿、物、路等要素结合的滨水景观。

### 3.1.3 湖泊治理模式

1. 湖泊特点

湖泊一般有多条河流汇入，河湖关系复杂，湖泊管理保护需要与入湖河流通盘考虑、统筹推进；湖泊水体不连通，系统封闭，边界监测断面不易确定，准确界定沿湖行政区域管理保护责任较为困难；湖泊水域岸线及周边普遍存在种植养殖、旅游开发等活动，管理保护不当极易导致无序开发；湖泊水体流动相对缓慢，水体交换更新周期长，营养物质及污染物易富集，遭受污染后治理修复难度大；湖泊在维护区域生态平衡、调节气候、维护生物多样性等方面功能明显，遭受破坏对生态环境影响较大，管理保护必须更加严格。

2. 湖泊现状

湖泊是江河水系的重要组成部分，是蓄洪储水的重要空间，在防洪、供水、航运、生态等方面具有不可替代的作用。长期以来，一些地方围垦湖泊、侵占水域、超标排污、违法养殖、非法采砂，造成湖泊面积萎缩、水域空间减少、水系连通不畅、水环境状况恶化、生物栖息地破坏，湖泊功能严重退化。虽然近年来各地积极采取退田还湖、退渔还湖等一系列措施，湖泊生态环境有所改善，但尚未实现根本好转。

（1）湖泊围垦导致水量调蓄能力下降，加重流域洪水灾害。湖泊是淡水资源的重要储存器和调节器，在流域水资源供给和洪水调蓄方面发挥着不可替代的作用，尤其是在我国东部平原区，湖泊承担的供水和防洪功能在保障流域居民安居乐业方面的地位更是举足轻重。然而，近几十年来，受人多地少和对湖泊功能认识不足等因素影响，导致湖泊被大量不合理围垦，造成湖泊面积急剧减少。

（2）入湖污染物大量增加，湖泊水环境质量不断下降。随着湖泊流域和周边地区人口增长和经济快速发展，导致进入湖泊的总氮、总磷和高锰酸盐指数等污染物增加，湖泊水环境污染不断加重，尤其是在我国东部平原湖区，入湖污染物增加引起湖泊水环境质量急剧下降。

（3）湖泊生物资源退化，生物多样性下降。近几十年来，我国湖泊生态总体处于不断退化状态，集中表现为鱼类资源种类减少、数量大幅下降，生物多样性不断降低，高等水生动植物与底栖生物分布范围缩小，而浮游植物（藻类）等大量繁殖并不断集聚形成生态灾害。在我国东部平原湖区，湖泊生态退化的最主要原因是人类活动引起的湖泊水质下降和水体过度利用等，其中湖泊过度围网和围堤养殖活动是重要方面之一，尤其是长江中游地区湖泊，如长湖、大冶湖、斧头湖等中小型湖泊以及一些大型湖泊湖湾，几乎全湖被围网割裂。

（4）西部地区湖泊总体呈萎缩消亡态势，水量减少、水质持续恶化。近几十年来，受气候变化周期性和冰川快速消融等要素的影响，我国西部地区湖泊水量和面积呈现明显的波动变化，不同时段萎缩与扩张交替变化，但总体呈现萎缩态势，不少湖泊甚至干涸消失。

（5）湖泊与江河水力联系阻隔，生态功能退化。除西部内陆流域一些封闭型湖泊外，我国大部分湖泊都与流域江湖有着自然的水力联系，河川径流不断补给湖泊，在维持湖泊正常水位和水量的同时，也为河湖水生生物繁衍提供了洄游通道，尤其是我国东部长江中下游平原湖泊，长江与两岸的湖群构成了独特的江湖复合生态系统，在维系江湖水生生态系统稳定和生物多样性等方面发挥着重要作用。近几十年来，受人类防洪蓄水工程建设和湖泊围垦利用等因素影响，湖泊与江湖自然水力联系被大坝或涵闸阻断，一些洄游性物种濒危或消失，水生生物多样性下降，湖泊环境净化与水量调节等生态服务功能不断退化。

长江中下游是我国湖泊分布最密集的区域之一，尤其是大型浅水湖泊广布。历史上，这些湖泊大多与长江自然连通，发挥着正常的洪水调蓄和生物多样性维持等生态功能。随着湖泊泥沙淤积或沼泽化发展，一些湖泊与长江联系减弱，但丰水期仍然保持自然相通，1950年以来，人为修闸建堤等水利工程建设和围垦活动加剧，使得长江中下游绝大多数湖泊成为阻隔湖泊，目前仅有洞庭湖、鄱阳湖和石臼湖三个湖泊自然通江。江湖阻隔，导致湖泊急剧萎缩。

（6）湖泊沿岸带大规模开发，加大湖泊生态与环境保护压力。湖泊作为与人类生存与发展息息相关的重要资源，不仅具有供水、防洪和提供各种水产品等重要生产与调节服务功能，而且还具有景观旅游等重要文化服务功能。自古以来，湖泊周边地区就一直成为人口和经济集聚区域，近20～30年来，随着经济发展和居民生活水平的提高，各地纷纷掀起了更大规模的沿湖开发热潮，从旅游度假区建设，到沿湖各类房地产开发、滨湖新城开发，开发强度和规模不断增加。随着沿湖岸线开发规模扩大和房地产热持续升温，全国沿湖岸线不合理和无序占用问题日益突出，不仅破坏了不同类型湖泊独具特色的景观资源，而且还导致湖滨自然湿地与生态退化，增加入湖污染物总量。

3. 湖泊治理模式

湖泊治理模式主要是源头控制、生态修复相结合。源头控制包括农村污染源的控制与治理、农业污染源的控制与治理、工业污染、内源污染和采矿等。生态修复包括入湖泊溪流和环湖泊湖滨带生态系统恢复与修复、入湖泊河口湿地建设、生态涵养林抚育、水生植物残体打捞、调水补水、河湖连通、岸坡治理等工程，此外还包括退田还湖、退渔还湖、退耕还林等。

湖滨带指位于水体和陆地生态系统之间的生态交错带，具有过滤、缓冲器功能，它不仅可吸附和转移来自面源的污染物、营养物，改善水质，而且可截留固定颗粒物，减少水体中的颗粒物和沉积物。同时湿地可以提供生物繁育生长的栖息地，对于保护生物多样性、减少洪水危害、保持水土等具有重要意义。在湖泊周边建立和修复水陆交错带，是整个湖泊生态系统恢复的重要组成部分。

湖滨带是湖泊的重要组成部分和最后的保护屏障，加强管理和重建湖滨带工程是湖泊环境保护的重要工作。湖滨带湿地恢复应该选取当地生长适宜性强、污染物净化能力较强、经济价值较好以及与周围环境协调性好的植物。湖泊周围一般有很多坑塘或藕塘等，可改造为湿地净化系统，增设配水和排水系统。湿地区的综合利用，既可净化废水，又可开发利用。

# 3.2　治　理　技　术

河湖生态系统治理技术包括水质净化技术、生态护岸技术、生物多样性技术、污染源治理技术、水系连通技术、亲水景观建设和水文化建设共七个方面，见图3-4。

## 3.2.1　水质净化技术

河湖水体中过量的氮磷等营养盐是水体发生富营养化的必要条件和重要原因之一。富营养化是指由于氮、磷等营养物质超过自然正常水平大量进入水体，引起水生态系统的净初级生产力不断提高，相关生态系统服务功能丧失，如藻类及其他浮游生物迅速繁殖，水体溶解氧和透明度下降，水质恶化，鱼类及其他生物大量死亡的现象。目前，国内外对河湖富营养化治理与维护的方法大致可以归类为物理技术、化学技术、生物技术等。

### 3.2.1.1　物理技术

物理技术主要是通过外移内源污染物或者降低污染浓度来达到改善水质的目的，常用的有截污、底泥处理、环境调水和曝气复氧。

1. 截污

截污是河湖治理的一条有效的途径。截污工程的主要作用在于控制点污染源，最近几年除了传统的障碍物截污之外，在很多中小河流治理当中还尝试了引水截污、管道截污的

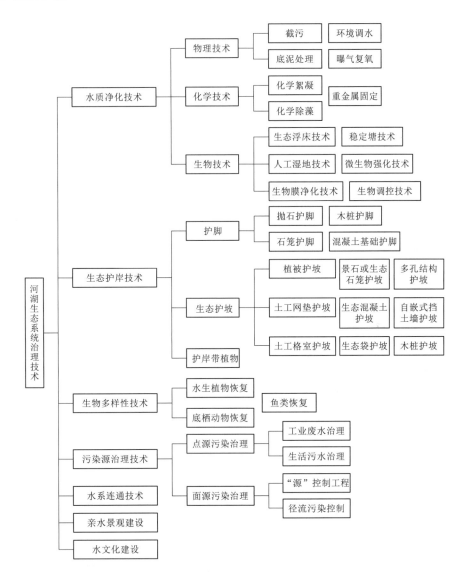

图 3-4 河湖生态系统治理技术

方法。所谓的引水截污就是在点污染源附近开凿一条引水渠，将污水引入引水渠聚集在一起以后集中进行再处理。而管道截污主要是指在点污染源附近安放排水管道，利用水泵将附近的污水抽出集中处理的方法。

目前国内受污染河湖无不源于外来污染物远远超出河湖自身的净化能力而导致水质恶化、生态破坏，而截污则基本能够解决河湖的污染之源，防止水体进一步恶化。截污作为一项有效的措施被广泛认可。

但是，河湖截污工程浩大，涉及面广，包括大量管网铺设、污水厂建设、人员动迁、河湖周边生态修复、工厂企业排污控制等，其巨额的工程投资、漫长的工期与复杂的工程实施，使众多的河湖主管部门在一定时期内无力承担，因而进展缓慢。因此当前的截污工作更多地体现为相关主管部门量力而行的治理河湖措施之一，通常会结合其他的治理方法实施。

2. 底泥处理

由于常年自然沉积，河湖底部聚积了大量淤泥，富含可观的营养盐类，其释放也可能形成河湖富营养化和水华暴发。将底泥从河（湖）体中移出，可减少积累在表层底泥中的营养盐，减少潜在性内部污染源，是减少内源污染的直接有效措施。在工程施工时，要密闭机械工作面，对淤泥要安全处置，防止二次污染。处理底泥包括底泥疏浚、底泥覆盖等方法。

底泥疏浚主要是大型机械，虽然工程造价较高，但是能够达到立竿见影的效果，部分中小河段治理当中还使用了蓄水冲刷法，这种方法可行，效果不错。但是，清淤后水质只能暂时性地得到改善，随着污染的输入，河湖很快又淤积回去，而且工程量大，投资费用高。底泥覆盖是在污染底泥上放置覆盖物，可以是一层，也可以是多层，从而隔离底泥和水体，防止底泥浮起，降低底泥污染物的释放量。覆盖物可以选择未污染的底泥、清洁砂子、卵石、黏土等。

3. 环境调水

环境调水的基本原理是通过引水、调水，利用大量的清洁水稀释河湖当中原来的污水，使河湖中的污染物能够通过稀释，得到快速扩散和转移，从而使河湖内的污水得到迅速改善。由于所引入的水水质较好，溶解氧较高，且引水以后内河的水呈流动状态，因此可以在短时间之内使河湖保持较高的溶解氧水平和净化能力，这样可以有效促进底部沉积物的生物氧化作用，减少表层底泥的还原性物质和营养盐的释放。这种方法虽然也取得了不错的效果，但不适合所有中小河湖，因为此方法只是将污染物转移或者将其稀释，而非降解，在应用的过程中所引入的水质不好还可能造成新的污染。

4. 曝气复氧

污染严重的河湖水体由于耗氧量大于水体的自然复氧量，溶解氧很低，甚至处于缺氧（或厌氧）状态。曝气充氧（图 3-5）也是物理方法中的一种，这种方法是利用河湖受到污染后缺氧的特征，采用人工方法向河湖内注入空气和氧气，加速河湖自身的复氧过程，达到提高水体溶解氧水平的目的。溶解氧水平提高以后，水中的好氧微生物就能迅速恢复活力，发挥微生物的自我净化能力，从而达到改善水质的目的，在中小河流综合治理中得到较好的应用。实践证明即使很小的曝气装置也能够使底层水温和溶解氧增加，并能够增加河湖生物量，提高河湖的自我净化能力，有助于加快黑臭、感官性差等状态的河湖恢复到正常的水生态系统。

由于河湖曝气复氧工程的良好效果和相对较低的投资与运行成本费用，已成为一些发达国家（如美国、德国、英国、葡萄牙、澳大利亚）及中等发达国家与地区在中小型污染水体乃至港湾和河湖水体污染治理中经

图 3-5　太阳能曝气装置

常采用的方法。

### 3.2.1.2 化学技术

化学方法是利用化学反应加速污染物与水体分离来实现水质改善的方法。化学方法见效很快，通常被用来应付突发的水体污染情况，如饮用水受到污染。化学物质本身是一种污染来源，因此使用化学药剂对水生态系统也存在二次污染的风险。在河湖生态治理过程中，化学方法适宜作为应急措施，不宜经常使用。

**1. 化学絮凝**

化学絮凝的作用原理是利用物质的胶体化学性质使水华生物发生凝聚并沉淀到水体底部或加以回收。现在国际上使用的絮凝剂主要是铝铁系无机絮凝剂、表面活性剂和各种高分子有机絮凝剂。聚合氯化铝 PAC、聚丙烯酰胺 PAM 等高分子凝聚剂在市场上占有很重要的地位。

絮凝剂沉淀法是利用化学手段消除水华，该方法在水华生物密集时极为有效，作用时间短，对非水华生物的影响也较直接杀藻法小，同时还可消除水体中其他悬浮物质，净化水质。但絮凝剂沉淀法也存在很大缺陷，聚合氯化铁本身显色，投药后水体变为浅棕色，而且铁盐又是水华生物繁殖的促进物质。铝盐则被证实存在一定的生物毒性。在严格的环境法制约下，西方科学家尚无这种尝试。

由于河湖是一个开放式水体，在河湖中直接投加絮凝剂见效快，但是水量难以精确估算，絮凝的搅拌强度难以控制，且药剂量难以掌握，无法像污水处理中那样均匀加药，因此，尚有很多问题要解决。污染物沉积在河（湖）底破坏水底生物环境，且存在污染二次释放的可能性。

**2. 化学除藻**

化学除藻是控制藻类生长的快速有效的方法，在治理河湖富营养化中已有应用，也可作为严重富营养化河湖的应急除藻措施。常有化学除藻剂有 $CuSO_4$、$Cl_2$、$ClO_2$、西玛三嗪等。投加这些药剂，与水中的磷结合，絮凝沉淀进入底泥。加入化学物质会对底栖生物产生较大影响。例如，$CuSO_4$ 可使藻细胞破坏，细胞内的毒素释放到水体中，造成二次污染；而且会导致水体铜离子浓度上升，铜离子易在生物体内累积，危害水生生物及人体的健康。还有研究表明，使用 $ClO_2$ 的除藻效果较好，投加 $1mg/L$ 的去除率达 75%，但在使用过程中也会产生一些对人体有害的亚氯酸盐和氯酸盐。

化学除藻操作简单，可在短时间内取得明显的除藻效果，提高水体透明度。但该方法不能将氮、磷等营养物质清除出水体，不能从根本上解决水体富营养化。而且除藻剂的生物富集和生物放大作用对水生生态系统可能产生负面影响，长期使用低浓度的除藻剂还会使藻类产生抗药性。因此，使用药剂杀藻需要科学评估其风险，除非应急和健康安全许可，化学除藻一般不宜采用。

**3. 重金属固定**

河湖底泥中的重金属在一定条件下会以离子态或某种结合态进入水体，如果能将重金属结合在底泥中，抑制重金属的释放，则可降低其对河湖生态系统的影响。调高 pH 是将重金属结合在底泥中的主要化学方法。在较高 pH 环境下，重金属形成硅酸盐、碳酸盐、氢氧化物等难溶性沉淀物。加入碱性物质将底泥的 pH 控制在 7～8，可以抑制重金属以溶解态进入水体。常用的碱性物质有石灰、硅酸钙炉渣、钢渣等。施用量的多少，视底泥中重金属的种类、含量以及 pH 的高低而定，但施用量不应太多，以免对水生生态系统产生不良影响。

综上所述，利用化学方法治理富营养化和黑臭水体需大量投加化学药剂，因此其成本也较为昂贵，同时，所加入的化学药剂在治理时也容易引起二次污染，对水体的整个生态环境会有一定的影响。此外，化学方法用于富营养化水体的治理通常不具有可持续性，并没有解决问题的根本。因此，如果采用化学方法的同时没有其他适宜的辅助措施，水体很快便又会出现富营养化问题。但是，化学方法具有操作简单、见效快等优点，因此，通常仅作为一种应急方案来解决突发的问题。

### 3.2.1.3　生物技术

生物技术进行生物修复的作用原理是利用培育的植物或培养、接种的微生物的生命活动，对水中污染物进行转移、转化及降解作用，从而使水体得到净化。它主要包括生态浮床技术、稳定塘技术、人工湿地技术、微生物强化技术、生物膜净化技术、以浮游动物和鱼类控制浮游植物技术等。生物技术进行生态修复具有原位净化水质，恢复水体中的水生生态结构，同时还具有运行成本低、增加水体自净能力的特点。

在自然未受污染水体中，生态系统十分复杂。在水体底质中、颗粒物的表面、驳岸表面上有大量的细菌，这些细菌是水体中有机物质的主要分解者。在水体中的原生动物又以菌类为食。原生动物的捕食能够加速生物膜的更新。衰老的细菌被捕食后，为新的细菌的生长提供了生长空间，使细菌的整体处于较活跃的状态。同时原生动物又是后生动物的食物而底栖生物，如螺蛳和部分鱼类又以轮虫等后生动物为食。水体中生长的植物在为水体提供氧气的同时也为细菌和微小动物的生长提供了附着空间，水体底质和植物组成的复杂环境，又为各种生物提供了不同的栖息地。整体的生态系统本身有着一定方向的物质流和能量流，在系统内部，生物之间相互促进或约束，保持着整体的功能和活力。

自然界水体的自净功能主要是依靠水体中的生态系统来完成的，这种自净能力非常巨大，在没有人类干涉的情况下可以分解天然水体中的所有的有机物质，可以自动调节水体中的养分平衡。在一定程度范围内，水体中的有机物质和无机盐类的增加可以提高水体中生物的密度，同时系统内部的物质流和能量流也会相应增加，净化水体中的污染物的能力也会提高。但是一旦超过系统的承载能力，水体生态系统的某些环节就会遭到破坏或丧失功能，而生态系统功能的丧失又会反作用于水体的自净能力。水体的自净能力的减弱又加速了生态系统的崩溃。在恶性的循环之中，水体逐渐丧失了自净能力。

恢复水体本身的生态结构可以恢复水体的自净能力，通过水体的自净功能达到水体的自我净化，并达到水体和水体内生态系统良性协调发展。在已经发生水质恶化的水体中，完全依靠水体自发的修复作用和简单的物理修复方式很难迅速恢复水体中的生态结构。而在人工参与的条件下，系统而全面地恢复水体的生态结构可以达到水体生态系统良性协调发展的目的。

1. 生态浮床技术

（1）水生植物。水生植物是河湖生态系统的重要组成部分，具有显著的环境生态功能，利用生态浮床种植水生植物，通过植物的生长转移水体系统中的污染负荷，其发达的根系为微生物提供生长繁殖场所，以分解水中污染物以供植物吸收，具有一定的吸收净化、澄清水质、抑制藻类的功能。

人为创造一定的条件，利用适合相应河湖水环境的水生植物及其共生的微环境，构建适合水体特征的水生植物群落，能有效降低悬浮物浓度，提高水体透明度及溶解氧，为其他生物提供良好的生存环境，改善水生生态系统的生物多样性。

水生植物是一个生态学范畴上的类群，是不同分类群植物通过长期适应水环境而形成的趋同性适应类型。根据水生植物的生活方式，一般将其分为挺水植物、漂浮植物、浮叶植物和沉水植物等类型（表 3-1）。

表 3-1                          水生植物生长特点和代表种类

| 生活型 | 生 长 特 点 | 代表种类 |
| --- | --- | --- |
| 挺水植物 | 根茎生于底泥中，植物体上部挺出水面 | 芦苇、香蒲 |
| 漂浮植物 | 植物体完全漂浮于水面，具有特化的适应漂浮生活的组织结构 | 凤眼莲、浮萍 |
| 浮叶植物 | 根茎生于底泥，叶漂浮于水面 | 睡莲、荇菜 |
| 沉水植物 | 植物体完全沉于水气界面以下，根扎于底泥或漂浮于水中 | 狐尾藻、金鱼藻 |

1）挺水植物。挺水型水生植物植株高大，花色艳丽，绝大多数有茎、叶之分；直立挺拔，下部或基部沉于水中，根或地茎扎入泥中生长，上部植株挺出水面。挺水植物种类繁多，常见的有荷花、千屈菜（图 3-6）、黄菖蒲（图 3-7）、菖蒲（图 3-8）、香蒲（图 3-9）、水葱（图 3-10）、再力花、梭鱼草、花叶芦竹、泽泻、旱伞草、芦苇、茭白等。

图 3-6　千屈菜

图 3-7　黄菖蒲

图 3-8　菖蒲

图 3-9　香蒲

图 3-10　水葱

2）漂浮植物。漂浮型水生植物种类较少，这类植株的根不生于泥中，株体漂浮于水面之上，随水流、风浪四处漂泊，多数以观叶为主，为池水提供装饰和绿荫；又因为它们既能吸收水里的矿物质，同时又能遮蔽射入水中的阳光，所以也能够抑制水体中藻类的生长，能更快地提供水面的遮盖装饰。但有些品种生长、繁衍得特别迅速，可能会成为水中一害，如水葫芦等。因此需要定期用网捞出一些，否则它们就会覆盖整个水面。另外，也不要将这类植物引入面积较大的池塘，因为如果想将这类植物从大池塘当中除去将会非常困难。

3）浮叶植物。浮叶型水生植物的根状茎发达，花大、色艳，无明显的地上茎或茎细弱不能直立，叶片漂浮于水面上。常见种类有王莲、睡莲（图 3-11）、萍蓬草、芡实、荇菜（图 3-12）等。浮叶植物常用于净化受污染水体，一方面提升景观效果，另一方面起到净化水质的效果。

图 3-11　睡莲

图 3-12　荇菜

4）沉水植物。沉水型水生植物根茎生于泥中，整个植株沉入水中，具有发达的通气组织，利于进行气体交换。叶多为狭长或丝状，能吸收水中部分养分，在水下弱光的条件下也能正常生长发育。对水质有一定的要求，因为水质浑浊会影响其光合作用。花小，花期短，以观叶为主。

沉水植物，如软骨草属或狐尾藻属植物，在水中担当着"造氧机"的角色，为池塘中的其他生物提供生长所必需的溶解氧；同时，它们还能够除去水中过剩的养分，因而通过控制水藻生长而保持水体的清澈。沉水植物有金鱼藻（图 3-13）、轮叶黑藻（图 3-14）、马来眼子菜、苦草、菹草（图 3-15）等。

污水治理中应用的水生植物需要尽快达到吸附污染物、净化水体的作用，最好选择生长速度较快、根系发达的植物，以求尽快达到治污的作用，如芦苇、香蒲、菖蒲等。有些工程还需要对水体进行杀菌消毒、吸附重金属以减少污染，可使用水葱、大漂、水葫芦等。

图 3-13 金鱼藻

图 3-14 轮叶黑藻

（2）生态浮床的结构。生态浮床又称生态浮岛、人工浮床或人工浮岛，是按照自然规律，运用无土栽培技术，以高分子材料为载体和基质，用现代农艺和生态工程措施综合集成的水面无土种植植物技术。采用该技术可将原来只能在陆地种植的草本陆生植物种植到自然水域水面，并能取得与陆地种植相仿甚至更高的收获量与景观效果。

生态浮床技术是通过植物强大的根系作用消减水中的氮、磷等营养物质，同时植物根系附着的微生物降解水体中污染物，从而

图 3-15 菹草

有效进行水体修复的技术。另外种植植物后构成微生物、昆虫、鱼类、鸟类等自然生物栖息地，形成生物链，进一步帮助水体恢复，生态浮床主要用于富营养化及有机污染河道。

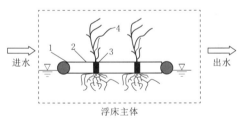

图 3-16 生态浮床结构示意图
1—浮床框体；2—浮床床体；
3—浮床基质；4—浮床植物

典型的湿式有框浮床通常由浮床框体、浮床床体、浮床基质、浮床植物 4 个部分组成（图 3-16）。

1）浮床框体。浮床框体要求坚固、耐用、抗风浪，目前一般采用 PVC 管、不锈钢管、木材、毛竹等作为框架。PVC 管无毒无污染，持久耐用，价格便宜，质量轻，能承受一定冲击力；不锈钢管、镀锌管等硬度更高，抗冲击能力更强，持久耐用，但缺点是质量大，需要

另加浮筒增加浮力，价格较贵；木头、毛竹作为框架比前两者更加贴近自然，价格低廉，但常年浸没在水中，容易腐烂，耐久性相对较差。

2）浮床床体。浮床床体是植物栽种的支撑物，同时是整个浮床浮力的主要提供者。目前主要使用的是聚苯乙烯泡沫板，这种材料具有成本低廉、浮力强大、性能稳定的特点，而且原材料来源充裕，不污染水质，材料本身无毒，施工方便，可重复使用。此外，

还有将陶粒、蛭石、珍珠岩等无机材料作为床体，这类材料具有多孔结构，适合于微生物附着而形成生物膜，有利于降解污染物质，但制作工艺和成本问题，实际应用较少。对于以漂浮植物进行浮床栽种，可以不用浮床床体，依靠植物自身浮力而保持在水面上，利用浮床框体、绳网将其固定在一定区域内。

3）浮床基质。浮床基质用于固定植物植株，同时要保证植物根系生长所需的水分、氧气条件及能作为肥料载体，因此基质材料必须具有弹性足，固定力强，吸附水分、养分能力强，不腐烂，不污染水体，能重复利用，而且必须具有较好的蓄肥、保肥、供肥能力，保证植物直立与正常生长。目前使用的浮床基质多为海绵、椰子纤维等，可以满足上述的需求。土壤基质质量较重，可能污染水质，不推荐使用。

4）浮床植物。浮床植物是浮床净化水体的主体，需要满足以下要求：适宜当地气候、水质条件，成活率高，优先选择本地种；根系发达，根茎繁殖能力强；植物生长快，生物量大；植株优美，具有一定的观赏性；具有一定的经济价值。目前使用较多的浮床植物有美人蕉、芦苇、荻、水稻、香根草、香蒲、菖蒲、石菖蒲、水浮莲、凤眼莲、水芹菜、水雍菜等，在实际应用中要根据现场气候、水质条件等影响因素进行植物筛选。

（3）浮床技术设计原则。

1）稳定性。从浮床选材和结构组合方面考虑，能抵抗一定的风浪、水流的冲击而不至于被冲坏。

2）耐久性。正确选择浮床材质，保证浮床能历经多年而不会腐烂，能重复使用。

3）便利性。设计过程中要考虑施工、运行、维护的便利性。

**2. 稳定塘技术**

稳定塘旧称氧化塘或生物塘，是一种利用天然净化能力对污水进行处理的构筑物的总称。其净化过程与自然水体的自净过程相似，通常是将土地进行适当的人工修整，建成池塘，并设置围堤和防渗层，主要利用菌藻的共同作用处理废水中的有机污染物。稳定塘污水处理系统具有基建投资和运转费用低、维护和维修简单、便于操作、能有效去除污水中的有机物和病原体、无需污泥处理等优点。

稳定塘是以太阳能为初始能量，通过在塘中种植水生植物，进行水产和水禽养殖，形成人工生态系统，在太阳能（日光辐射提供能量）作为初始能量的推动下，通过稳定塘中多条食物链的物质迁移、转化和能量的逐级传递、转化，将进入塘中污水的有机污染物进行降解和转化，最后不仅去除了污染物，而且以水生植物和水产、水禽的形式作为资源回收，净化的污水也可作为再生资源予以回收再用，使污水处理与利用结合起来，实现污水处理资源化。

人工生态系统利用种植水生植物，养鱼、鸭、鹅等形成多条食物链。其中，不仅有分解者生物即细菌和真菌，生产者生物即藻类和其他水生植物，还有消费者生物，如鱼、虾、贝、螺、鸭、鹅、野生水禽等，三者分工协作，对污水中的污染物进行更有效地处理与利用。如果在各营养级之间保持适宜的数量比和能量比，就可建立良好多生态平衡系统。污水进入稳定塘，其中的有机污染物不仅被细菌和真菌降解净化，而其降解的最终产物，一些无机化合物作为碳源、氮源和磷源，以太阳能为初始能量，参与到食物网中的新陈代谢过程，并从低营养级到高营养级逐级迁移转化，最后转变成水生作物、鱼、虾、蚌、鹅、鸭等产物，从而获得可观的经济效益。

（1）稳定塘技术的优缺点。在我国，特别是在缺水干旱的地区，稳定塘是实施污水的资源化利用的有效方法，所以稳定塘处理污水成为我国着力推广的一项新技术，其优点如下：

1）能充分利用地形，结构简单，建设费用低。采用污水处理稳定塘系统，可以利用荒废的河道、沼泽地、峡谷、废弃的水库等，地段建设结构简单，大多以土石结构为主，在建设土地具有施工周期短，易于施工和基建费低等优点。污水处理与利用生态工程的基建投资约为相同规模常规污水处理厂的1/3～1/2。

2）可实现污水资源化和污水回收及再用，实现水循环，既节省了水资源，又获得了经济收益。

稳定塘处理后的污水可用于农业灌溉，也可在处理后的污水中进行水生植物和水产的养殖。将污水中的有机物转化为水生作物、鱼、水禽等物质，提供给人们使用或其他用途。如果考虑综合利用的收入，可能到达收支平衡，甚至有所盈余。

3）处理能耗低，运行维护方便，成本低。风能是稳定塘的重要辅助能源之一，经过适当的设计，可在稳定塘中实现风能的自然曝气充氧，从而达到节省电能，降低处理能耗的目的。此外，在稳定塘中无需复杂的机械设备和装置，这使稳定塘的运行更稳定并保持良好的处理效果，而且其运行费用仅为常规污水处理厂的1/5～1/3。

4）美化环境，形成生态景观。将净化后的污水引入人工湖中，用作景观和游览的水源。由此形成的处理与利用生态系统不仅将成为有效的污水处理设施，而且将成为现代化生态农业基地和游览的胜地。

5）污泥产量少。稳定塘污水处理技术产生污泥量小，仅为活性污泥法所产生污泥量的1/10，前端处理系统中产生的污泥可以送至该生态系统中的藕塘、芦苇塘或附近的农田，作为有机肥加以使用和消耗。前端带有厌氧塘或碱性塘的塘系统，通过厌氧塘或碱性塘底部的污泥发酵坑使污泥发生酸化、水解和甲烷发酵，从而使有机固体颗粒转化为液体或气体，可以实现污泥等零排放。

6）能承受污水水量大范围的波动，其适应能力和抗冲击和能力强。我国许多城市其污水生化需氧量浓度很小，低于100mg/L，使得活性污泥法尤其是生物氧化沟无法正常运行，而稳定塘不仅能够有效地处理高浓度有机物水，也可以处理低浓度污水。

稳定塘的缺点如下：

1）占地面积过多。

2）气候对稳定塘的处理效果影响较大。

3）若设计或运行管理不当，会造成二次污染。

4）易产生臭味和滋生蚊蝇。

5）污泥不易排出和处理利用。

（2）稳定塘技术的分类。按照塘内微生物的类型和供氧方式来划分，稳定塘可以分为厌氧塘、好氧塘、兼性塘、曝气塘。

1）厌氧塘。厌氧塘塘水深度一般在2m以上，最深可达4～5m。厌氧塘水中溶解氧很少，基本上处于厌氧状态。厌氧塘的原理与其他厌氧生物处理过程一样，依靠厌氧菌的代谢功能，使有机底物得到降解。反应分为两个阶段：首先由产酸菌将复杂的大分子有机物进行水解，转化成简单的有机物（有机酸、醇、醛等）；然后产甲烷菌将这些有机物作为营养物质，进行厌氧发酵反应，产生甲烷和二氧化碳等。

厌氧塘的优点是：①有机负荷高，耐冲击负荷较强；②由于池深较大，所以占地省；③所需动力少，运转维护费用低；④贮存污泥的容积较大；⑤一般置于塘系统的首端，作为预处理设施，在其后再设兼性塘、好氧塘甚至深度处理塘做进一步处理，可以大大减少后续兼性塘和好氧塘的容积。

厌氧塘的缺点是：①温度无法控制，工作条件难以保证；②臭味大；③净化速率低，污水停留时间长，城市污水的水力停留时间为 30～50 天。

厌氧塘的适用条件为：对于高温、高浓度的有机废水有很好的去除效果，如食品、生物制药、石油化工、屠宰场、畜牧场、养殖场、制浆造纸、酿酒、农药等工业废水；对于醇、醛、酚、酮等化学物质和重金属也有一定的去除作用；对重金属也有一定的去除效果。

2）好氧塘。好氧塘是一种菌藻共生的污水好氧生物处理塘。深度较浅，一般为 0.3～0.5m。阳光可以直接射透到塘底，塘内存在着细菌、原生动物和藻类，由藻类的光合作用和风力搅动提供溶解氧，好氧微生物对有机物进行降解。好氧塘内有机物的降解过程，实质上是溶解性有机污染物转化为无机物和固态有机物——细菌与藻类细胞的过程。好氧细菌利用水中的氧，通过好氧代谢氧化分解有机污染物，使其成为无机物，并合成新的细菌细胞。而藻类则利用好氧细菌所提供的二氧化碳、无机营养物以及水，借助于光能合成有机物，形成新的藻类细胞，释放出氧，从而又为好氧细菌提供代谢过程中所需的氧。

在好氧塘中，藻是生产者，好氧细菌是分解者。此外，好氧塘中存在的浮游动物以细菌、藻类和有机碎屑为食物，是初级消费者。生产者、分解者和消费者，与塘水共同组成一个水生态系统，完成系统中物质与能量的循环和传递，从而使进塘的污水得到净化。塘中的藻类，除在其光合作用中为污水的好氧降解提供溶解氧以外，还能去除污水中的氮、磷营养物质，并能吸附一些有机质。藻类光合作用使塘水的溶解氧和 pH 呈昼夜变化。白昼，藻类光合作用释放的氧，超过细菌降解有机物的需氧量，此时塘水的溶解氧浓度很高，可达到饱和状态。夜间，藻类停止光合作用，且由于生物的呼吸消耗氧，水中的溶解氧浓度下降，凌晨时达到最低。阳光再照射后，溶解氧再逐渐上升。好氧塘的 pH 与水中二氧化碳浓度有关，受塘水中碳酸盐系统的二氧化碳平衡关系影响。白天，藻类光合作用使二氧化碳降低，pH 上升。夜间，藻类停止光合作用，细菌降解有机物的代谢没有中止，二氧化碳累积，pH 下降。

好氧塘的优点是：①投资省；②管理方便；③水力停留时间较短，降解有机物的速率很快，处理程度高。

好氧塘的缺点是：①池容大，占地面积多；②处理水中含有大量的藻类，需要对出水进行除藻处理；③对细菌的去除效果较差。

好氧塘的适用条件为：适用于去除营养物，处理溶解性有机物；由于处理效果较好，多用于串联在其他稳定塘后做进一步处理，处理二级处理后的出水。

3）兼性塘。兼性塘是最常见的一种稳定塘。兼性塘的有效水深一般为 1.0～2.0m，从上到下分为三层，上层好氧区、中层兼性区（也叫过渡区）、塘底厌氧区，沉淀污泥在此进行厌氧发酵。兼性塘是在各种类型的处理塘中最普遍采用的处理系统。好氧区的净化原理与好氧塘基本相同。藻类进行光合作用，产生氧气，溶解氧充足。有机物在好氧性异养菌的作用下进行氧化分解，兼性区的溶解氧供应比较紧张，含量较低，且时有时无。其中存在着异养型兼性细菌，它们既能利用水中的少量溶解氧对有机物进行氧化分解，同时，在无分子氧的条件下，还能以 $NO_3^-$、$CO_3^{2-}$ 作为电子受体进行无氧代谢。

厌氧区内不存在溶解氧。进水中的悬浮固体物质以及藻类、细菌、植物等死亡后所产生的有机固体下沉到塘底，形成 $10\sim15cm$ 厚的污泥层，厌氧微生物在此进行厌氧发酵和产甲烷发酵过程，对其中的有机物进行分解。在厌氧区一般可以去除 30% 的生化需氧量。

兼性塘的优点是：①投资省，管理方便；②耐冲击负荷较强；③处理程度高，出水水质好。

兼性塘的缺点是：①池容大，占地多；②可能有臭味，夏季运转时经常出现漂浮污泥层；③出水水质有波动。

兼性塘的适用条件为：既可用来处理城市污水，也能用于处理石油化工、印染、造纸等工业废水。

4）曝气塘。曝气塘塘深大于 $2m$，采取人工曝气方式供氧，塘内全部处于好氧状态。曝气塘一般分为好氧曝气塘和兼性曝气塘两种。

曝气塘不是依靠自然净化过程为主，而是采用人工补给方式供氧，通常是在塘面上安装曝气机，实际上是介于活性污泥法中的延时曝气法与稳定塘之间的一种工艺。

曝气塘的优点是：①体积小，占地省，水力停留时间短；②无臭味；③处理程度高，耐冲击负荷较强。

曝气塘的缺点是：①运行维护费用高；②由于采用了人工曝气，所以容易起泡沫，出水中含固体物质高。

曝气塘适用于处理城市污水与工业废水。

3. 人工湿地技术

人工湿地系统水质净化技术作为一种生态污水净化处理方法，其基本原理是在人工湿地填料上种植特定的湿地植物，从而建立起一个人工湿地生态系统。当污水经过湿地系统时，主要利用土壤、人工介质、植物、微生物的物理、化学、生物三重协同作用，对污水进行处理。其作用机理包括吸附、滞留、过滤、氧化还原、沉淀、微生物分解、转化、植物遮蔽、残留物积累、蒸腾水分和养分吸收及各类动物的作用。其中的污染物质和营养物质被系统吸收或分解，而使水质得到净化的人工湿地作用机理示意图见图 3-17。

（1）人工湿地的构成。人工湿地一般由以下五种结构单元构成（图 3-18）：底部的防渗层；由填料、土壤和植物根系组成的基质层；湿地植物的落叶及微生物尸体等组成的腐质层；水体层；湿地水生植物（主要是根生挺水植物）。

人工湿地是一个综合的生态系统，它应用生态系统中物种共生、物质循环的再生原理，遵循结构与功能协调原则，在促进废水中污染物质良性循环的前提下，充分发挥资源的生产潜力，防止环境的再污染，获得污水处理与资源化的最佳效益。

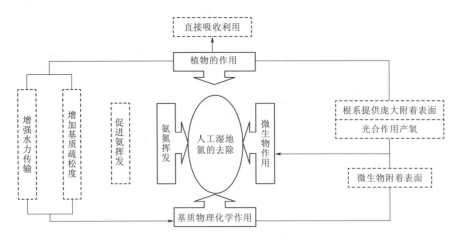

图 3-17  人工湿地净化作用机理示意图

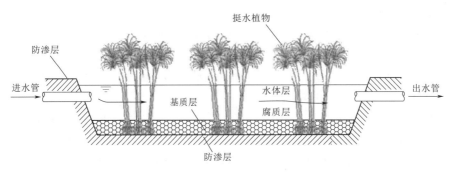

图 3-18  人工湿地的基本构成

1）防渗层。防渗层是为了防止未经处理的污水通过渗透作用污染地下含水层而铺设的一层透水性差的物质。如果现场的土壤和黏土能够提供充足的防渗能力，那么压实这些土壤作为湿地的衬里即可。

2）基质层。基质层是人工湿地的核心。基质颗粒的粒径、矿质成分等直接影响着污水处理的效果。目前人工湿地系统可用的基质主要有土壤、碎石、砾石、煤块、细砂、煤渣、多孔介质、硅灰石和工业废弃物中的一种或几种组合的混合物。基质一方面为植物和微生物生长提供介质，另一方面通过沉积、过滤和吸附等作用直接去除污染物。

3）腐质层。腐质层中主要物质就是湿地植物的落叶、枯枝、微生物及其他小动物的尸体。成熟的人工湿地可以形成致密的腐质层。

4）水体层。水体层的水体在表面流动的过程就是污染物进行生物降解的过程，水体层的存在提供了鱼、虾、蟹等水生动物和水禽等的栖息场所。

5）湿地水生植物。水生植物能够将氧气输送到根系，增加水体的活性，通过微生物硝化、反硝化、吸附等作用，在控制水质污染和降解有害物质上也起到重要的作用。

湿地系统中的微生物是降解水体中污染物的主力军。好氧微生物通过呼吸作用，将废水中的大部分有机物分解成为二氧化碳和水，厌氧细菌将有机物质分解成二氧化碳和甲烷，硝化细菌将铵盐硝化，反硝化细菌将硝态氮还原成氮气，等等。通过这一系列的作用，污水中的主要有机污染物都能得到降解同化，成为微生物细胞的一部分，其余的变成对环境无害的无机物质回归到自然界中。

湿地生态系统中还存在某些原生动物及后生动物，甚至一些湿地昆虫和鸟类也能参与吞食湿地系统中沉积的有机颗粒，然后进行同化作用，将有机颗粒作为营养物质吸收，从而在某种程度上去除污水中的颗粒物。

（2）人工湿地的类型。按照污水在湿地床中的流动方式可分为自由表面流人工湿地和潜流型人工湿地；根据污水在湿地中流动的方向不同，可将潜流型人工湿地分为水平潜流人工湿地、垂直潜流人工湿地和复合潜流人工湿地3种类型。

自由表面流人工湿地指污水在基质层表面以上，从池体进水端水平流向出水端的人工湿地，其示意图见图3-19。水以较慢的速度在湿地表面漫流，水深一般为0.3~0.5m。它与自然湿地最为接近，接近水面的部分为好氧层，较深部分及底部通常为厌氧层。植物的根系和被水层淹没的茎、叶起到微生物的载体作用，可以在其表面形成生物膜，通过其中微生物的分解和合成代谢作用，去除水体中的有机污染物和营养物质。自由表面流人工湿地具有投资少、操作简单、运行费用低等优点。其缺点是占地面积大，水力负荷率小，去污能力有限，系统运行受气候影响较大。

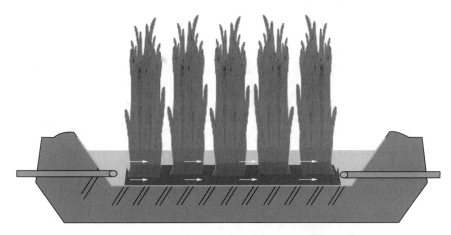

图3-19　自由表面流人工湿地结构简图

水平潜流人工湿地指污水由进水口一端沿水平方向流动的过程中依次通过砂石、介质、植物根系，流向出水口一端，以达到净化目的，其示意图见图3-20。污水从湿地进水端表面流入，水流在填料床中自上而下流、自进水端到出水端，最后经铺设在出水端底部的集水管收集而流出湿地系统。由于其可以充分利用填料表面、植物根系上生长的生物膜和丰富的植物根系、表土层以及填料的降解截留等作用，处理效果较好。同时，该种系统的保温性较好、处理能力受气候影响小、卫生条件好，对生化需氧量、化学需氧量等有机物和重金属的去除效果较好，是国内外应用最广泛的人工湿地系统。缺点是投资较高、控制相对复杂、工程量大。

垂直潜流人工湿地指污水垂直通过池体中基质层的人工湿地。按照水流在填料床中的流动方向，又分下行流和上行流湿地。它在湿地上部和底部分别布设布水管和集水管，对于下行流湿地，上部为布水管，底部为集水管。上行流湿地则相反，上行和下行垂直潜流人工湿地示意图见图3-21。垂直流湿地具有较强的除氮能力，但对有机物的去除能力不如水平潜流人工湿地。其优点是占地面积小，对氮、磷的去除效果较好。缺点是系统相对复杂，建造要求较高，投资较高。

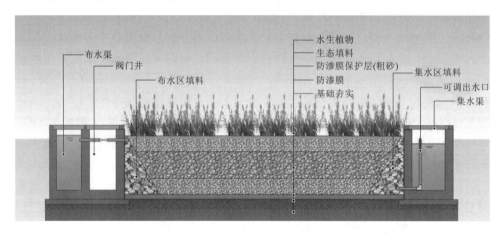

图3-20　水平潜流人工湿地结构简图

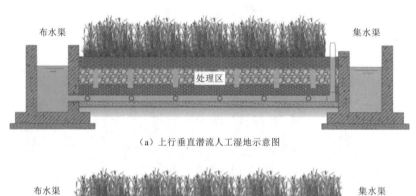

（a）上行垂直潜流人工湿地示意图

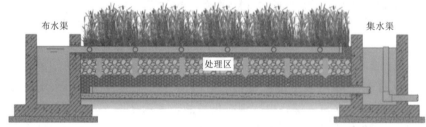

（b）下行垂直潜流人工湿地示意图

图3-21　垂直潜流人工湿地结构简图

复合潜流人工湿地系统由上行流和下行流湿地串联而成，两池中间设有隔墙，底部流通（图3-22）。下行池和上行池中均填有不同粒径的填料介质，种植不同种类的净化植物。为了保证水流的顺畅，下行池填料层比上行池的填料层要高10～20cm，两池底部均设颗粒较大的砾石层连通。下行流表层铺设布水管，上行流表层布设收集管，基质底层布设排空管。来水首先经过配水管向下流行，穿越基质层，在底部的连通层汇集后，穿过隔墙进入上行池；在上行池中，水体由下向上经收集管收集排出。

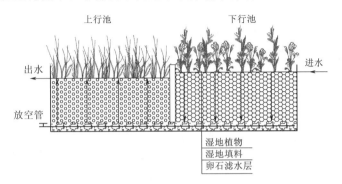

图 3-22　复合潜流人工湿地示意图

4. 微生物强化技术

微生物强化技术是将微生物通过一定的技术手段（如利用载体材料、包埋物质或合理控制水力条件等），使微生物固着生长，提高生物反应器内的微生物数量，从而利于反应后的固液分离，利于除氮和去除高浓度有机物，以及难以生物降解的物质，提高系统处理能力和适应性。

微生物强化技术立足于恢复、强化微生物群落来净化水体。微生物群落是水生态系统的基础生物组分，既是水体的"清道夫"，降解污染物，给其他的水生生物营造健康的水环境，也是生物链的重要环节，维系正常的物质循环。

微生物（菌类、藻类、原后生动物等）是水体自然净化的主力军，河流受到污染水质变坏，也是因污染量过大超出微生物的消化能力。水质的下降导致部分生物种（包括微生物）丧失了生存环境而逐步消亡，而水生生物结构的改变反过来也助长了水环境恶化的趋势，如此恶性循环导致水生态系统的退化。微生物强化技术正是通过营造微生物的生长空间，数百、数万倍放大微生物量，使水体自然的净化能力得到大大加强，放大对污染的消化能力，切断恶性循环，不仅可明显改善水质，也可以促进水生态系统的良性循环。

微生物强化技术以培育、发展土著微生物为首要目标，这些微生物因适合于原本的水环境而具备高度的活力和持续发展的能力，既不存在因投加微生物菌可能产生的生物入侵，或因微生物死亡需反复投加，也不存在化学药剂的生物危害；因依靠微生物自发的营养消耗净化水体，而不需机械清理而产生的巨大能耗或复杂的运营管理要求。

微生物强化技术依靠微生物的能力自然净化水体，并紧密结合水生态系统的改善及相互促进发展，因而是一项长期、生态的河流治理措施。

目前，国内外应用最成熟的微生物强化技术为生物巢增效技术，该技术以生物巢为核心，同步净化水质与建立水体生态系统的生态性水体治理维护系统。生物巢是一种新型、高效的生态载体，它融合了材料学、微生物学及水体生态学等学科，采用食品级原材料，通过专利编织技术，将其制成高比表面积、高负荷的微生物载体，是目前国内外最先进、最有效的以生态修复的方法从根本上解决水体净化问题的环保产品。

5. 生物膜净化技术

生物膜净化技术是指以天然材料（如卵石）、合成材料（如纤维）为载体，为微生物提供附着基质，在载体表面形成表面积较大生物膜，强化对污染物的降解作用。生物膜净化技术的作用原理是水体中基质向生物膜表面扩散进入膜内部，与膜内微生物分泌的酵素与催化剂发生生化反应并将其代谢终产物排出膜外，从而达到降解污染物的目的。生物膜降解污染物质的具体过程主要分为四个阶段：①污染物质向生物膜表面扩散；②污染物质在生物膜内部扩散；③微生物分泌的酵素与催化剂发生化学反应；④代谢生成物排出生物膜、生物膜固着在滤料或载体上。因此，能在其中生长世代时间较长的细菌和较高级的微生物，如硝化细菌的繁殖速度要比一般的假单细胞菌慢 40～50 倍，这就使生物膜净化技术在去除有机物的同时具有脱氮除磷的作用，尤其是对受有机物及氨氮污染的河流有明显的净化效果。另外，在生物膜上还可能大量出现丝状菌、轮虫、线虫等，从而使生物膜净化能力大大增强。

生物膜净化技术具有较高的处理效率，它的有机负荷较高，接触停留时间短，减少占地面积，节省投资。此外，运行管理时没有污泥膨胀和污泥回流问题，而且能够耐受冲击负荷。

6. 生物调控技术

该技术是以浮游动物、鱼类控制浮游植物。生物调控主要有以下途径：①先向水体中投放适当密度的鲢鱼、鳙鱼，藻类吸收水体中的氮磷，放养鱼类摄食含氮磷的藻类，捕捞成鱼带出氮磷，从而遏制水华、减轻水体富营养化；②放养食鱼性鱼类（如鳜鱼等），抑制野杂鱼（食用浮游动物），增加浮游动物生物量（食用浮游植物），减少浮游植物等现存量，从而提高水体透明度并增加水体自净能力；③放养滤食性双壳类，即蚌类（滤食能力极强），从而使其食物——浮游植物、细菌、腐屑和小型浮游动物减少，增加水体透明度，提高水体的自净能力。

较典型的生物调控常用于相对封闭的湖泊或水库系统，在营养盐管理已经失败的富营养化湖泊中，生物调控已显示出明显的治理效果，且费用低。但生物调控的稳定性不够，往往仅短期有效，因此其有效性仍存在很大的争议。而且，就技术本身而言也存在一些问题，例如难以保证有足够数量的食色性鱼类来控制食植物性鱼类种群。在富营养化藻型湖泊中，不存在食鱼动物产卵及栖息场所，食鱼动物、浮游动物种群并不稳定。因此，生物调控技术也有待发展和完善。国内应用较多的是放养鲢鱼、鳙鱼，每平方米水体放养鲢鱼、鳙鱼 40～50g，可以有效控制水华，该方法在东湖、滇池、巢湖的水华治理中得到实际应用。

综合国内外的具体工程实例可以看出，生物膜净化技术在中小河流净化方面具有净化效果好、便于管理等优点。针对我国目前环保设施建设资金短缺、技术落后，废水处理率低，大部分城市地区的污废水还是由散流、漫流、渗入或汇入周围水体的现状，生物膜净化技术在我国中小河流污染的综合整治中具有广阔的应用前景。

## 3.2.2　生态护岸技术

### 3.2.2.1　护脚

坡脚是河（湖）岸的基础部分，其坚固与否对维护岸坡的稳定，以及整个河湖的形态起着决定性的作用。坡脚的防护要具有足够的重量来承担流体力,同时要具有防止深部侵蚀的深度和宽度,还应具有一定的耐久性、生态性。

1. 抛石护脚

抛石护脚(图 3-23)具有就地取材、施工简易灵活、可以分期实施、逐步累加加固等优点,而且抛石对水深、岸坡和流速等复杂的外在条件有较广的适应性,可有效防止航行船只撑篙抛锚的破坏,非密闭的物理性质对河湖的生态系统也具有保护作用。护块石宜采用石质坚硬的石灰岩、花岗岩等。

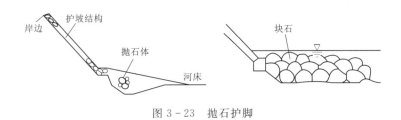

图 3-23 抛石护脚

2. 石笼护脚

石笼护脚(图 3-24)技术也具有较长的历史。石笼是采用铅丝、竹篾、荆条等材料作为各种网格笼,内填块石、砾石或大卵石,网格大小以不漏失填充的石料为限。

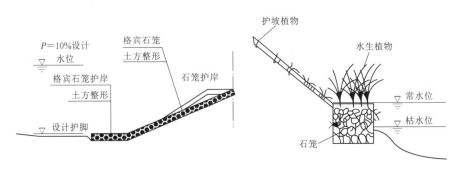

图 3-24 石笼护脚

3. 木桩护脚

木桩护脚(图 3-25)是利用纵向木、横向木和下部打入河(湖)床木桩构成一个稳固的立方体结构,为防止底部的泥沙被吸出淘蚀,可在靠近河(湖)床的地面编结致密的藤条。

4. 混凝土基础护脚

混凝土基础护脚(图 3-26)是模仿房屋建筑稳定基础的。在河湖近岸一定宽度的河床下挖一定深度,浇筑混凝土,打设混凝土桩。岸坡方向铺设带有孔洞的预设混凝土砖,工程完成后再在表层覆土,以便于受扰河湖生态环境的恢复。

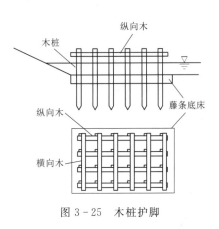

图 3-25 木桩护脚

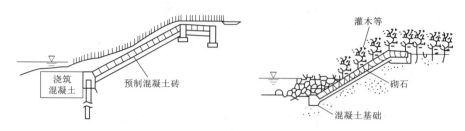

图 3-26  混凝土基础护脚

#### 3.2.2.2  生态护坡

长期以来在中小河流整治中，河湖护坡主要采用浆砌或干砌块石、现浇混凝土等材料，护岸工程则多采用直立式混凝土挡土墙，这样的结构型式切断了河湖的水陆过渡带，不同程度引起了水体与陆地的环境退化。

1. 生态护坡的定义

生态护坡是综合工程力学、土壤学、生态学和植物学等学科的基本知识对斜坡或边坡进行支护，形成由植物或工程和植物组成的综合护坡系统的护坡技术。

开挖边坡形成以后，通过种植植物，利用植物与岩、土体的相互作用（根系锚固作用）对边坡表层进行防护、加固，使之既能满足对边坡表层稳定的要求，又能恢复被破坏的自然生态环境，是一种有效的护坡、固坡手段。

2. 生态护坡的功能

（1）护坡功能。植被有深根锚固、浅根加筋的作用。

（2）防止水土流失。能降低坡体孔隙水压力、截留降雨、削弱溅蚀、控制土粒流失。

（3）改善环境功能。植被能恢复被破坏的生态环境，促进有机污染物的降解，净化空气，调节小气候。

3. 生态护坡的形式

常用的生态护坡形式有植被护坡、土工网垫护坡、土工格室护坡、景石或生态石笼护坡、生态混凝土护坡、生态袋护坡、多孔结构护坡、自嵌式挡土墙护坡、木桩护坡等。

（1）植被护坡。植被护坡最接近天然护坡，既是一种生态护坡，也是一种传统的护坡形式。通过在岸坡种植植被，利用植物发达根系的力学效应（深根锚固和浅根加筋）和水文效应（降低孔压、削弱溅蚀和控制径流）进行护坡固土，防止水土流失，在满足生态环境的需要的同时进行景观造景（图 3-27）。

1）优点：主要应用于水流条件平缓的中小河流和湖泊港湾处。固土植物一般应选择耐酸碱性、耐高温干旱，同时应具有根系发达、生长快、绿期长、成活率高、价格经济、管理粗放、抗病虫害的特点。

2）缺点：抗冲刷能力较弱，一般的土质植被边坡能够抵抗的水流速度在 2.0m/s 以下；植被护坡只适用于能够自稳的较缓的边坡，陡峭的边坡，植被的种植、养护、生长都会受到影响。例如，边坡陡于 1:1.5 时，乔木难以种植。草本植物根系较浅，抗拉强度小，边坡高陡时，在暴雨或者水流的作用下，草皮层可能与基层剥落。

（2）土工网垫护坡。土工网垫护坡即三维植被网护坡（图 3-28），是指利用活性植

图 3-27 植被覆盖的河岸带

物并结合土工合成材料等工程材料，在坡面构建一个具有自身生长能力的防护系统，通过植物的生长对边坡进行加固的一门新技术。根据边坡地形地貌、土质和区域气候的特点，在边坡表面覆盖一层土工合成材料并按一定的组合与间距种植多种植物，通过植物的生长活动达到根系加筋、茎叶防冲蚀的目的。经过生态护坡技术处理，可在坡面形成茂密的植被覆盖，在表土层形成盘根错节的根系，有效抑制暴雨径流对边坡的侵蚀，增加土体的抗剪强度，减小孔隙水压力和土体自重力，从而大幅度提高边坡的稳定性和抗冲刷能力。

1）三维植被网的护坡机理。植被的抗侵蚀作用是通过它的三个主要构成部分来实现的。一是植物的生长层（包括花被、叶鞘、叶片、茎），通过自身致密的覆盖防止边坡表层土壤直接遭受雨水的冲蚀，降低暴雨径流的冲刷能力和地表径流速度，从而减少土壤的流失；二是腐质层（包括落叶层与根茎交界面），为边坡表层土壤提供了一个保护层；三是根系层，这一部分对坡面的地表土壤加筋锚固，提供机械稳定作用。

一般情况下，在植物生长初期，由于单株植物形成的根系只是松散地纠结在一起，没有长卧的根系，易与土层分离，起不到保护作用。而三维网的应用正是从增强以上三方面的作用效果来实现更彻底的浅层保护。一是在一定的厚度范围内，增加其保护性能和机械稳定性能；二是由于三维网的存在，植物的庞大根系与三维网的网筋连接在一起，形成一个板块结构（相当于边坡表层土壤加筋），从而增加防护层的抗张强度和抗剪强度，限制在冲蚀情况下引起的"逐渐破坏"（侵蚀作用会对单株植物直接造成破坏，随时间推移，受损面积加大）现象的扩展，最终限制边坡浅表层滑动和隆起的发生。

2）土工网垫护坡的作用。土工网垫（图 3-28）护坡技术综合了土工网和植物护坡的优点，起到了复合护坡的作用。边坡的植被覆盖率达到 30% 以上时，能承受小雨的冲刷，覆盖率达 80% 以上时能承受暴雨的冲刷。待植物生长茂盛时，能抵抗冲刷的径流流速达 6m/s，为一般草皮的 2 倍多。土工网的存在，对减少边坡土壤的水分蒸发，增加入渗量有良好的作用。同时，由于土工网材料为黑色的聚乙烯，具有吸热保温的作用，可促进种子发芽，有利于植物生长。

（3）土工格室护坡。土工格室（图3-29）是由聚乙烯片材料经高强力焊接而形成的一种三维网状格室结构。可伸缩自如，运输可折叠，施工时张拉成网状，展开成蜂窝状的立体网格，填入泥土、碎石、混凝土等松散物料，构成具有强大侧向限制和大刚度的结构体。这项技术适用于水位变动区以上，是不会发生频繁冲刷的堤坡防护，堤坡不宜陡于1:1.5。土工格室利用其三维侧限原理，通过改变其深度和孔型组合，可获得刚性或半弹性的板块，可以大幅度提高松散填充材料的抗剪强度，抗冲蚀能力较强。由于土工格室具有围拢及抗拉作用，因此其内填料在承受水流作用时可免于冲刷，植被生长充分后，可使坡面充分自然化，形成的植被有助于减缓流速，为野生动物提供栖息地。植物根系也可增强边坡整体稳定性。其抗腐蚀，耐老化，适应温度范围宽，填充材料可以就地取材，可折叠便于运输，对降低成本是非常适用的。

图3-28 土工网垫

图3-29 土工格室结构

（4）景石或生态石笼护坡。在水位变化处，可采用景石护坡（图3-30）及生态石笼护坡（图3-31），具有控制河势、抵抗冲刷、减少水土流失等功效。

图3-30 景石护坡

图3-31 生态石笼护坡

景石护坡是通过景石的堆砌，使岸线错落有致，富于变化，具有一定的景观美化效应。

生态石笼护坡是用钢丝、高强度聚合物土工格栅或竹木做成网箱，内部填充块石或卵石，进行岸边防护的一种结构。一般石笼的抗冲流速可达5m/s左右。

网箱的材料是由高抗腐蚀、高强度、有一定延展性的低碳钢丝包裹上 PVC 材料后使用机械编织而成的箱型结构。根据材质外形可分为格宾护坡、雷诺护坡、合金网兜等。

生态石笼护坡的优点：具有较强的整体性、透水性、抗冲刷性、生态适宜性；应用面广；有利于自然植物的生长，使岸坡环境得到改善；造价低、经济实惠，运输方便。

生态石笼护坡的缺点：由于该护坡主体以石块填充为主，需要大量的石材，因此在平原地区的适用性不强；在局部护岸破损后需要及时补救，以免内部石材泄漏，影响岸坡的稳定性。

（5）生态混凝土护坡。生态混凝土是具有特殊结构与表面特性、能够生长绿色植物的混凝土。生态混凝土兼有普通混凝土和耕植土的特点，由多孔混凝土、保水材料、缓释肥料和表层土组成。多孔混凝土是生态混凝土的骨架，由粗骨料和水泥浆或者少量砂浆构成，类似于常用的无砂混凝土。混凝土的孔隙尺寸大，孔隙连通，孔隙率一般达到 18%～30%。在多孔混凝土的孔隙内填充保水性材料和肥料。保水性填充材料由各种土壤、无机的人工土壤以及吸水性的高分子材料配制而成。表层土多铺设在多孔混凝土表面，形成植被发芽空间，植被型生态混凝土护坡见图 3-32。

生态混凝土护坡的优点：可为植物生长提供基质；抗冲刷性能好；护坡孔隙率高，为动物及微生物提供繁殖场所；材料的高透气性在很大程度上保证了被保护土与空气间的湿热交换能力。

生态混凝土护坡的缺点：降碱问题难以处理；强度及耐久性有待验证；可再播种性需进一步验证；护岸价格偏高。

（6）生态袋护坡。生态袋（图 3-33）是由聚丙烯（PP）或者聚酯纤维（PET）为原材料，经专用机械设备，经机器的滚压和双面烧结针刺无纺布加工而成，并把肥料、草种和保水剂按一定密度定植在可自然降解的无纺布里而形成的产品。生态袋护坡的功能主要分为水土保持作用及植被作用。生态袋袋体一般具有良好的孔隙度及透水、不透土的功能。装填土（一般可采用当地开挖的泥土或者人工配种种植土）后，土的保持性能强，能有效防治坡面水流或降雨水流作用而造成的水土流失。生态袋对植被友善，植物可以从袋体内长出，也可以从表面扎根，起到"固根保土"的作用。

图 3-32　植被型生态混凝土护坡

图 3-33　生态袋护岸

生态袋护坡的优点：稳定性较强；具有透水不透土的过滤功能；利于生态系统的快速恢复；施工简单快捷。

生态袋护坡的缺点：易老化，生态袋内植物种子再生问题；生态袋孔隙过大，袋状物易在水流冲刷下带出袋体，造成沉降，影响岸坡稳定。

（7）多孔结构护坡。多孔结构护坡（图 3-34）是利用多孔砖进行植草的一类护坡，常见的多孔砖有预制混凝土六角空心砖和预制连锁空心块组成的密框格等。这种具有连续贯穿的多孔结构，为动植物提供了良好的生存空间和栖息场所，可在水陆之间进行能量交换，是一种具有"呼吸功能"的护岸。同时，异株植物根系的盘根交织与坡体有机融为一体，形成了对基础坡体的锚固作用，也起到了透气、透水、保土、固坡的效果。

多孔结构护坡的优点：形式多样，可以根据不同的需求选择不同外形的多孔砖；多孔砖的孔隙既可以用来种草，水下部分还可以作为鱼虾的栖息地；具有较强的水循环能力和抗冲刷能力。

多孔结构护坡的缺点：河堤坡度不能过大，否则多孔砖易滑落至河流；河（湖）堤必须坚固，土需压实、压紧，否则经河水不断冲刷易形成凹陷地带；成本较高，施工工作量较大；不适合砂质土层，不适合河岸弯曲较多的河流。

（8）自嵌式挡土墙护坡。自嵌式挡土墙的核心材料为自嵌块。这种护坡型式是一种重力结构，主要依靠自嵌块块体的自重来抵抗动静荷载，使岸坡稳固；同时该种挡土墙无需砂浆砌筑，主要依靠带有后缘的自嵌块的锁定功能和自身重量来防止滑动倾覆；另外，在墙体较高、地基土质较差或有活载的情况下，可通过增加玻璃纤维土工格栅的方法来提高整个墙体的稳定性。该类护岸孔隙间可以人工种植一些植物，增加其美感。

自嵌式挡土墙护坡的优点：防洪能力强；孔隙为鱼虾等动物提供良好的栖息地；节约材料；造型多变，主要为曲面型、直面型、景观型和植生型，满足不同河岸形态的需求；对地基要求低；抗震性能好；施工简便，施工无噪声，后期拆除方便。

自嵌式挡土墙护坡的缺点：墙体后面的泥土易被水流带，造成墙后中空，影响结构的稳定，在水流过急时容易导致墙体垮塌；该类护岸主要适用于平直河流，弯度太大的河流不适用于此护岸；弯道需要石材量大，且容易造成凸角，此处承受的水流冲击较大，使用这类护岸有一定的风险。

（9）木桩护坡。木桩护坡（图 3-35）是在边坡上打下木桩或者仿木桩，以防止坡面滑动和坡面冲刷的防护型式，是一种应用广泛的护坡。木桩结合植被绿化覆盖的手段改造河湖，可以增强河湖的稳定性，保证河湖的生态性，对于挖方段河湖整治应用效果更好。

图 3-34    多孔结构护坡

图 3-35    木桩护坡

### 3.2.2.3 护岸带植物

河湖植物包括常水位以下的水生植物、岸坡植物、河（湖）滩植物和洪水位以上的河（湖）堤植物。作为河湖近自然治理的主要措施之一，河湖植物能够维持陆域与水域之间的能量、物质和信息通道，保持河湖系统的时空异质性，为动物、植物、微生物提供适宜的生境和避难所，是生物多样性和河湖有效发挥生态系统服务功能的基础，并通过边缘效应和廊道效应，对生物多样性施加积极影响。

岸坡植物群落生境条件好，更适合多种生物栖息和生存，特别是两栖类生物。在具有较高孔隙率的坡脚，更是物种最丰富的区域。植物措施治理河湖通过科学设计，结合人力种植多种植物种类，迅速增加了植物多样性，同时，植物具有保持水土、改善生境等功能，也是食物链的重要组成部分，以及物流、能量流的重要环节，为本地植物恢复，其他微生物和动物栖息、生存和繁衍创造了条件。河湖植物可以重新恢复和衔接水陆域间的联系，有效解决传统河湖建设方式带来的自然环境破坏、河湖服务功能下降等问题，并在补枯、调节水位、提高河湖自净能力、改善人居环境等方面产生重要影响。

选择植物的要优先选用优良、强健、适应强的乡土树种，采取乔、灌、草相结合的植物群落结构，选用本土植物为主的植物搭配。常见水生植物有芦苇、水竹、水菖蒲等，常见的边坡植物要求适合在河湖常水位以下生长，耐水性好，扎根能力强，比如垂柳等。

## 3.2.3 生物多样性技术

河湖作为生态系统中的廊道，水陆交互作用，是生物多样性丰富和敏感的区域。河湖生物多样性包括水生植物、底栖动物和鱼类。

1. 水生植物恢复

水生植物带可以部分控制地表径流所造成的面源污染，通过水生植物直接吸收水体氮磷等营养物质，净化水质，抑制藻类生长；水生植物光合作用改善环境，为水生动物提供空间生态位，增加生物多样性和系统稳定性，提高水生态系统自净能力；控制地表径流所造成的面源污染。水生植物恢复处理范围为浅水区、深水区、滨水景观带。

水生植物一般选用适应性强、具有本土性、净化能力强而且具有可操作性的先锋物种。群落配置主要以河湖历史的植物群落结构为模板，适当引入经济价值较高、有特殊用途、适应能力强及生态效应好的物种，建立稳定、多层、高效的植物群落。

2. 底栖动物恢复

影响底栖动物的主要因素有底质、流速、水深、营养元素、水生植物等，将这些因素调整到底栖动物能够接受的范围内，实现底栖动物的恢复。

3. 鱼类恢复

首先恢复河湖生态系统的物理环境，包括河流水文、水动力学特性以及物理化学特性等；其次采取人工放养或者自然恢复的措施，促进鱼类繁殖和建立比较适宜的生物链，从而实现鱼类的恢复。

## 3.2.4 污染源治理技术

### 3.2.4.1 点源污染治理

与水环境污染相关的点污染源治理主要有工业废水治理和生活污水治理两类。

1. 工业废水治理

由于含氮磷工业废水大量排入江河湖泊，藻类和微生物大量繁殖，水中的溶解氧过度消耗，复氧速率明显小于耗氧速率，水质恶化，鱼类及其他生物大量死亡。另外由于一些工业排放的含氮磷废水成分复杂，毒性强，又具有很强的致癌性，进一步加深水体的污染。针对河湖污染控制的特点，工业废水的污染治理应加强对氮磷的去除。含氮工业废水脱氮处理工艺主要有吹脱、离子交换法、生物硝化和反硝化法、折点加氯法等；含磷工业废水的处理工艺主要有混凝沉淀法、晶析除磷法、生物与化学并用法、厌氧好氧法、Phostrip 系统等。

2. 生活污水治理

(1) 城镇生活污水集中治理。城镇生活污水处理系统的设计要结合地方特点，针对污染源的排放途径及特点，对排水管网健全的城镇宜采用建设生活污水处理厂集中处理的方法，可显著节省建设投资和运行费用，而且处理效果好，易于管理。目前，城镇生活污水脱氮除磷工艺主要如下：

1) 按城市污水处理及污染防治技术政策推荐，处理能力大于 20 万 $m^3/d$ 的污水处理设施，一般采用常规活性污泥法，也可采用其他成熟技术；处理能力在 10 万～20 万 $m^3/d$ 的污水处理设施，可选用常规活性污泥法、氧化沟法、SBR 法和 AB 法等成熟工艺；处理能力在 10 万 $m^3/d$ 以下的污水处理设施，可选用氧化沟法、SBR 法、水解好氧法、AB 法和生物滤池法等工艺，也可选用常规活性污泥法。

2) 按城市污水处理及污染防治技术政策要求，在对氮磷污染物有控制要求的地区，应采用具备较强的脱氮除磷功能的二级强化处理工艺。处理能力在 10 万 $m^3/d$ 以上的污水处理设施，一般选用 A/O 法、A/A/O 法等工艺，也可审慎选用其他的同效技术；处理能力在 10 万 $m^3/d$ 以下的污水处理设施，除采用 A/O 法、A/A/O 法外，也可选用具有脱氮除磷效果的氧化沟法、SBR 法、水解好氧法和生物滤池法等。

3) 按城市污水处理及污染防治技术政策许可，在严格进行环境影响评价，且满足国家有关标准要求和水体自净能力要求的条件下，可审慎采用城市污水排入大江或深海的处置方法。城市污水二级处理出水不能满足水环境要求时，在有条件的地区，利用荒地、闲地等可利用的条件，采用土地处理系统和稳定塘等自然净化技术进一步处理。该处理方法费用较低、维护简便，适合于土地条件、气候适宜的中小城镇的污水处理。

(2) 分散式生活污水治理。分散式点源污染所排污水为生活污水，污水中营养物（氮、磷）浓度比较高。可采用单独点源建立分散式污水处理设施的方案。此外，还可以因地制宜采取生物塘、人工湿地、生活污水净化槽等处理方法。

### 3.2.4.2　面源污染治理

对面源污染的控制与管理可以从"源"和输移途径方面开展工作，主要包括污染源的治理和径流污染的治理。其中，污染源的治理是根本，径流污染的治理是补充。农业面源污染是所有面源污染中较为严重的类型。面源污染来源于大量施肥与农药的农田、畜禽养殖、分散村落生活污水以及可被冲入径流的村落固体废物、蓄积滞留在地面上的污染物等。对于不同面源污染源，应采取不同的污染源头控制措施。

1. "源"控制工程

(1) 农业面源污染控制。农业面源污染主要来自农业耕作的农药、化肥及农田固废。

农药、化肥对现代农业发展具有重要作用。但由于缺乏科学的农技指导，普遍存在过度施肥的现象，造成农药、化肥流失量大。流失的农药、化肥随着雨水、地表径流冲刷进入河湖，因此化肥农药成为近年水体污染的重要贡献因子。农药污染的危害主要体现在毒性上，因此对化学需氧量等有机型污染贡献不大。化肥中大量的氨氮和磷流失是造成河湖水体富营养化和有机质污染的主要原因。

农田固废是农作物收获后遗留的固体废弃物，主要包括农作物秸秆和塑料农膜。农作物秸秆多由纤维素和天然有机化合物构成，入河湖后易于腐烂，造成水体的富营养化；纤维素短时间较难降解，最终沉入河（湖）底，使河（湖）底淤积加重。塑料农膜大多为不可降解材料，因为缺乏一定的回收处置机制，从而使它们常常漂流入河湖，造成河湖景观破坏；同时卷、裹其他废弃物沉入河（湖）底，加重了河湖内源污染和底泥淤积。

进行农业面源污染控制，主要是在全流域范围内广泛推行农田最佳养分管理，通过对水源保护区农田轮作类型、施肥量、施肥时期、肥料品种、施肥方式的规定，进行源头控制。农业面源污染的主要控制技术有农田生态培肥技术和化学农药污染、少灌少排控制技术。少灌少排就是采用滴管、喷灌、低压管道灌溉等节水灌溉技术，减少用水量，进而可减少排水量，达到减少农业面源污染的目的。发展生态农业，直接控制农药和化肥的施用。

（2）农村生活污水治理。农村生活污水处理系统一般由预处理单元、一级处理单元和二级处理单元构成。预处理单元包括化粪池、格栅井、隔油池和沉淀池等。一级、二级处理单元包括厌氧池、沼气池、好氧曝气池、自然处理（人工湿地、稳定塘）等。可根据村庄规模、经济条件、土地闲置等其他实际情况，科学合理地形成几套处理模式。

（3）农业有机废物污染控制。农业有机废物包括畜禽粪便、农作物秸秆等。农业有机废物污染控制以畜禽养殖场粪便和农作物秸秆治理为重点，以粪便无害化处理、农作物秸秆综合利用、沼气厌氧发酵等生态工程技术为主，开发农村新能源和有机肥料、畜禽饲料等，实现有机废物多层次循环利用，减少农业有机废物流失及对环境造成的污染。

2. 径流污染控制

水源涵养与水土流失的控制可保证源头清水产流，对调节坡面径流、地下径流以及减少径流泥沙含量、净化水质等方面具有重要作用。由于垦荒和坡地种植等原因，使山区、涵养林、山林地等遭受人为破坏，导致土壤侵蚀与水土流失，不能为下游提供足够的清水。针对不同水源涵养及水土流失退化状况，有必要实施水源涵养生态恢复及水土流失综合治理工程。治理措施布局上，主要在坡面综合治理的基础上沟坡兼治，工程措施、植物措施和耕作措施有机结合，人工治理和生态自然修复相配置，提高乔、灌、草覆盖率，建立完整的水源涵养与水土保持综合防护体系，有效防止水土流失，保证源头清水产流。

在农业或城镇建成区面源污染物产生后，随径流，尤其是暴雨径流流出，进入受纳水体。径流污染的控制就是在径流发生地与受纳水体之间去除径流中污染物的过程。在污染物随径流从发生地到受纳水体的输移过程中，需要经过田边沟渠，穿过水边带，进入湿地、支洪，再汇入河流，最后进入河湖，充分利用这些有效空间，开展生态工程建设，将会大大减少水体中的氮磷浓度。由于暴雨径流相关的面源污染具有突发性、大流量、低浓度的特点，针对这种污染特征的径流污染治理技术比较经济有效的是生态工程与生态恢复技术，较常用的有生态拦截沟渠技术、人工水塘技术、草林复合系统构建技术、人工湿地技术、河道生态修复及污染控制技术等。

### 3.2.5　水系连通技术

#### 3.2.5.1　水系连通性的概念

河湖水系连通是区域防洪、供水和生态安全的重要基础。随着近年来不同水系结构下的河湖连通研究的逐渐兴起，对连通性的理解、表达、定量化以及水文过程的作用已成为跨学科讨论的热点。目前，我国对河湖水系连通普遍认同的定义为以实现水资源可持续利用、人水和谐为最终目标，以提高水资源配置能力、改善河湖生态环境、增强水旱灾害防御能力为重点任务，通过水库、闸坝、泵站、渠道等必要的水工程，恢复和建立河流、湖泊、湿地等水体之间的水力联系，形成引排顺畅、蓄泄得当、丰枯调剂、多源互补、可调可控的江河湖库水网络体系。

按照其内涵可以将连通性分为以下三类：

（1）以水资源调配为主的河湖连通。即通过构建河湖水系连通供水网络体系和水源应急通道，提高水资源统筹调配能力和供水保证程度，增强抗旱能力。

（2）以防洪减灾为主的河湖连通。即改变河湖水系连通状况，疏通行洪通道，维系河湖水蓄滞空间，提高防洪能力，降低灾害风险。

（3）以水生态环境修复为主的河湖连通。即改善河湖的水力联系，加速水体流动，增强水体自净能力，提高河湖健康保障能力。

#### 3.2.5.2　水系连通对生态的影响

##### 1. 水系连通产生的生态效益

由于水系连通工程建设目的的不同，其产生的生态效益也有所差异。归纳起来，水系连通工程带来的生态环境效益主要表现在以下方面：

（1）有利于加强局部地区的水循环过程。水系连通可以增加缺水地区的水面面积，使得水圈和大气圈、生物圈、岩石圈之间的垂直水气交换加强，有利于水循环的运转，同时还可提高河湖的水资源更新能力和自净能力，起到改善水质、修复生态环境的效果。

（2）可形成湿地，改善局部气候。水系连通工程附近可形成薄层积水土壤的过湿地段——湿地，起到净化污水和空气，汇集和储存水分，补偿调节河湖水量，调节气候的作用。同时河流与河流连通及河流纵向连通对水生动物的影响基本相同，其中鱼类是水生动物的代表。水文周期过程是众多植物、鱼类和无脊椎动物生命活动的主要驱动力之一。自然的水位涨落过程可为鱼类提供较多的隐蔽场所，对向下游迁徙的鱼类有很重要的作用。

（3）有利于改善水环境状况。水系连通可使河道水流显著增加，径污比增高、水质控制条件趋于稳定，改善水质，同时可增加水域面积，在此基础上进一步建设风景区和旅游景点，改善和美化生态环境。

（4）补偿地下水，防止因超采地下水带来的危害。从人类活动的发展进程看，人类很早就能充分利用水资源进行经济活动。而其利用必须有相应的水道、沟渠连通不同的水体，所有水资源的利用都是以水系连通为前提的。受水区通过水系连通调水，缓解水危机，减少地下水的超采，并通过地表水、地下水的合理调度，增加地下水的入渗和回灌，消减地面沉降的危害。

（5）有利于生态系统的恢复和保护。水系连通后，可改变区域的地形、地貌、水面、森林、农田、草地、土壤、植被、陆生生物、水生生物等情况，使生态环境朝有利的方向发展。

2. 水系连通造成的负面影响

正如许多事物都存在两面性一样，河湖水系连通对水生态方面所产生的负面影响也不容忽视，其中有些影响甚至是深远的、不可逆的。

（1）连通工程输水沿线及受水地区土地大面积沼泽化、盐碱化。未建设完善配套排水系统的水系连通工程，影响土壤水盐的水平和垂直运动，最终可能形成水浸、沼泽化、盐碱化等。

（2）河湖水系连通造成大范围的淹没，破坏野生动物栖息地。淹没造成土壤排水不畅，土壤长期处于嫌气状态下，有机质和其他物质分解，产生有毒有害物质，影响野生动物的生存繁衍，对生态环境不利。

（3）河湖水系连通可能导致河流水质下降，出现新的水污染问题。在水系连通区域内可能存在污染源，如果不对其采取净化措施，将已污染的水体连通，会造成二次污染。

（4）河湖水系连通可能导致河口海水入侵问题。在水量调出区的下游及河口地区，因来水量的减少将会引起河口海水倒灌，水质恶化，出现海水入侵，破坏下游及河口的生态环境，影响区域用水和经济发展。

（5）河湖水系连通工程对河流水文情势影响严重。在区域水资源重新分配过程中，由于水库调节河川径流致使水文情势，会导致河槽输水能力下降或提高，河（湖）床演变过程减弱或增强。

水系连通工程作为一项社会工程、民生工程，必须要重视工程建设后的负面影响。在修建水系连通工程时，应结合国内外成功案例，借鉴可用之处，尽可能将水系连通的负面影响降至最低。如果不能妥善处理负面影响，将影响到社会和谐、人与自然的和谐，阻碍社会的可持续发展。

水系连通性对水生态具有重要影响，其主要表现在对水质、湿地生态环境、水生动物资源、防洪及水资源利用等方面。目前，我国流域水系连通性总体较好，但局部地区特别是河流与湖泊的连通性很差，需要采取措施，增强水系连通性，以维护水系生态健康。

## 3.2.6 亲水景观建设

河流是水生态环境的重要载体，为水生、两栖动物创造栖息繁衍环境。自然的山区河流应宽窄交替，深潭与浅滩交错，急流与缓流并存，偶有弯道与回流，岸边水草、礁石大量存在，为各类水生物提供栖息繁衍的空间。河流应具有安全、亲水、景观的特性。健康的河流一般有常年流动的河水；有天然的砂石、水草、河心洲；有深潭浅滩、泛洪漫滩；有丰富的水生动植物；有野趣、乡愁；有必要的防洪设施。

沿河而建的堤防不仅仅是防洪，还承担景观、绿化的功能。防洪堤的建设对于提高当地防洪减灾能力，保障区域防洪安全和粮食安全，兼顾河流生态环境具有重要意义。防洪堤工程在建设过程中，按照自然、生态的设计理念，并配套建设景观坝、亲水平台等河道生态景观建筑物，在有效提高当地防洪能力的同时，改善当地的生态环境。把河流建设成为自然生态与人文景观相融合、防洪功能与景观游赏于一体的亲水型绿色长廊。

山区性河道景观要求应体现山清水秀、自然清纯的天然风貌，有历史积淀的城镇河道应保留历史遗留的有价值的堤、桥、路、滩等构成的人文景观。城镇河段的河道景观建设，应与城镇的定位、文化、风格、历史、人文等要素相协调，注意保留天然的美学价值，形成错落有致的河、岸、园、林、路、水、山结合的城镇景观，造成一种人与自然亲近的环境，减少水利工程的混凝土与砌石对景观的破坏。

亲水景观的营造可通过在河（湖）岸设置亲水平台、步道和亲水台阶等方法实现。亲水栈道或栈桥临水而建，通常布置成曲线形、折线形，栈道一般多采用铺木板或仿木板，木板之间需要离缝拼铺，缝隙宽度则根据实际情况确定；亲水平台面积较大，要结合原有的地形并满足行洪要求，一般依岸而建，另一边伸入或挑入水中，亲水平台水位较深时，需设置安全栏。水位较浅或者是浅滩，使得亲水平台最低阶梯紧临水边，供人用水、戏水；亲水阶梯是使人们亲近水体的重要亲水设施之一。在较大面积水景中，紧贴岸坡设计坡形走道和逐级台阶，也可以采用草坪缓坡或者错落有序的砌石，使人们的亲水活动不受地形及水位高度变化的影响；岸边亲水道路按形式不同可分为堤岸和过河栈桥散道、边岸栈道、台阶散步道及过水过河踏石散步道等，设计时应协调好河湖及滨水区域的景观和周边风景，将地域文化、水域历史及边岸景观要素融入其中。

山区小河流治理过程中，以筑堰的方式布置亲水设施，并将亲水理念融入工程设施建设中来，保障枯水季节一定河段具有足够水深，满足人们的用水需求。在适宜条件下，将景观建筑物融入堤防建设当中去，在临城、村庄的河流两边植树造林，植物配置上采用稀疏乔、灌、草相结合，与河道周边景观相融合。注重河流廊道的生态效益和人文景观作用，形成生态环境友好的河岸绿色长廊，使河流两岸成为沿岸居民休闲娱乐及亲水的活动空间。

美好的河湖景观（图3-36）可为人们提供良好的休憩、娱乐和接近自然的场所，营造了人水和谐、人水相亲的氛围。相信随着人们生活水平的不断提高，相应的生态意识和环境意识也将逐渐增强，河湖景观建设将成为河湖治理工程中的重要组成部分。

（a）嘉善南祥符荡亲水景观节点图　　　　　　（b）嘉善汾湖景观节点图

图3-36　景观节点图

### 3.2.7 水文化建设

每一个河湖都有自己独特的历史、文化，都记载着该流域的发展史。河湖不仅仅是经济资源、战略资源，还是不可替代的文化资源，是人民亟待保护的珍贵的自然遗产。一个可持续发展的社会不仅仅是经济的可持续性，还必然意味着河湖以及河湖审美和文化价值的可持续性。自古以来，人们逐水而居，在对水的认识、水的利用、水的赞美过程中产生了水文化，水文化又促进了对水环境的改善。

随着社会经济不断发展，人们对生活品质要求也越来越高，特别是对文化和精神的需求日益增多，这样一来，伴随着区域间社会软实力的激烈竞争，提高城市竞争力的核心内容向地域文化偏移，重构整合城市地域文化的时机也已成熟。河湖最突出的便是具有不可复制性与时代性的地域文化。

进行河湖文化的挖掘，在保护中开发河湖文化。通过挖掘本河湖所在地古县遗韵，乡规民约，名士风采，民俗文化，古堰、古桥和古渡等水文化遗迹，古寺庙、古塔、古街、古民居和祠堂等古建筑并进行合理开发，实现现代文明与古代文明的融合；通过河湖生态资源优势，调整产业结构；采用现代文明理念和运用科学技术，重视河湖的智慧管理和人文环境建设，培育社会主义核心价值观，提升河湖水生态文明建设水平；在保护中合理开发河湖文化，实现产业兴旺、乡风文明、治理有效、生活富裕。

对流经城区或靠近城区的河段，在保证安全行洪的前提下，突出景观和人文打造，做活"水"的文章，增添城市灵性。设立治水广场，竖立在当地水利史上最受崇尚的水利人物雕像，设立治水碑记歌颂水利先驱为后世带来的恩泽，刻上治水代表名单，采用大型浮雕展示当地历史上发生的特大洪水灾害和抗洪抢险英雄。通过当地与水有关的故事丰富文化内涵。可运用雕塑、记事碑刻、亭台楼榭、音乐喷泉、文化长廊和亲水平台等载体，把水体、边岸、岸上连为一体，成为加重城市地域文化在滨水文化景观中的分量，显示城市的个性化和文化竞争力。

在离城区较近地段，在突出水安全和水环境下，建设车行道、游步道、亲水平台、凉亭作为休闲健身的首选场所，设置文化橱窗和栏板雕饰文化窗口，通过展示文化作品，给人以潜移默化的影响，陶冶情操，提高审美能力。为有效解决县乡河流萎缩、功能衰减、水环境恶化等问题，进行中小河流综合治理，全面提高行洪除涝能力，显著改善农村人居环境条件，切实保障人民群众生产生活用水安全。

有条件的区域可以建设水文化展览馆、城市河湖型水利风景区、自然河湖型水利风景区、水库型水利风景区、湿地水利风景区等水文化载体，使河湖成为人们旅游观光、休闲娱乐、陶冶情操的好去处，有力推进美丽经济发展。

## 参 考 文 献

[1] 孟伟，张远，渠晓东，等.河流生态调查技术方法 [M].北京：科学出版社，2011.
[2] 刘春.浙江省山溪型近自然河流建设探析 [J].中国园艺文摘，2013 (5)：93-94.
[3] 陈庆锋，郭贝贝.我国北方山区河流生态综合治理模式探究 [J]// 中国环境科学学会.2015 年水资源生态保护与水污染控制研讨会论文集 [R].2015：238-243.

［4］ 虞国华，王武. 浅述山溪性河道生态构建技术［J］. 浙江水利科技，2008（4）：28-29.

［5］ 严杰，吴文华. 浙江省平原河流生态修复模式初步研究［J］. 浙江水利科技，2011（3）：1-2，6.

［6］ 杨桂山，等. 中国湖泊现状及面临的重大问题与保护策略［J］. 湖泊科学，2010，22（6）：799-810.

［7］ 刘信勇，关靖，等. 北方河流生态治理模式及实践［M］. 郑州：黄河水利出版社，2016.

［8］ 邹琼，张筱鹏，鲜英. 净水剂在滇池蓝藻清除部分应急工程中的应用［J］. 云南环境科学，2000，19（4）：37-39.

［9］ 余冉，吕锡武，费治文. 富营养化水体藻类和藻毒素处理研究［J］. 环境导报，2002（4）：12-16.

［10］ 徐颖. 苏南地区航道底泥重金属污染评价和处置对策［J］. 环境保护科学，2001，27：33-34.

［11］ 田伟君. 生物膜技术在污染河道治理中的应用［J］. 环境保护，2003（8）：19-21.

［12］ 陈小刚. 流域污染源治理的工程体系构建［J］. 环境工程技术学报，2016，6（2）：21-25.

［13］ 徐建安，等. 水系连通对水生态的影响［J］. 城市建设理论研究，2013（35）：1-4.

［14］ 徐祖信. 河流污染治理技术与实践［J］. 北京：中国水利水电出版社，2003.

［15］ 董哲仁. 生态水利工程原理与技术［M］. 北京：中国水利水电出版社，2007.

［16］ 贾海峰. 城市河流环境修复技术原理及实践［M］. 北京：化学工业出版社，2017.

［17］ 侯新，张军红. 水资源涵养与水生态修复技术［M］. 天津：天津大学出版社，2016.

［18］ 韩玉玲. 河道生态建设——河道植物资源［M］. 北京：中国水利水电出版社，2009.

［19］ 牛贺道. 城市生态河流规划设计［M］. 北京：中国水利水电出版社，2017.

［20］ 余学芳. 河湖生态系统治理［M］. 北京：中国水利水电出版社，2019.

# 第4章 水利旅游景区规划

## 4.1 水利旅游的理论基础

### 4.1.1 生态文明的提出

#### 4.1.1.1 中国古代朴素生态观

我们的祖先在长期的自然生存与生产过程中，已经深深地认识和体会到人类与自然之间的关系，原始朴素的生态观展示了古人认识自然的闪光智慧。

1. 天人合一的生态观

早在 2000 多年前，我国的很多先人就提出了"天人合一"或者类似的理念，主张人必须同天、地（大自然）和谐相处，与天地合为一体。比如孔子曾说："天地之性，人为贵；大人者，与天地合其德。"庄子则说："天地与我并存，而万物与我为一。"明代心学集大成者王阳明特别强调"天人一体"观念，他反复强调"大人者，有与天地万物为一体之人心"。

"天人合一"，无疑是中国古代哲学乃至中国传统文化中最具特色的思想之一。"天人合一"观念中关于"人"与"天"的关系，一个重要理念就是顺应"天命"，即顺应大自然的运行规律，来保护自然生态环境，这是发挥人的主观能动性去利用和改造自然的前提。认识并强调人与自然、万物的统一，并且要求人们遵从自然规律，按照大自然的"意志"行事，这是"天人合一"思想的精髓。

2. 道法自然的生态观

道法自然的生态观强调人与生态自然万物同生共运的浑然一体，强调生态系统的自然、和谐、生命和健康，反映道、天、地、人之间的自然生态平衡关系。在中国哲学史上，第一次明确提出"自然"这一重要范畴的是老子，老子的《道德经》说："人法地，地法天，天法道，道法自然。"其意思是，人受制于地，地受制于天，天受制于规则，规则受制于自然。

"道法自然"主张人类与自然是整体的统一，并把个人作为自然有机体置于与他物平等相处的地位，在此前提下来确认自我、规范自我。在道家看来，人是自然的一部分，天地自然界的万物运动变化是有规律的，道、天、地、人都是自然而然存在着的，按照自然的本性存在和运动，且无时无刻不在变化之中。人道必须顺应天道。道家思想认为，"道"是世界的本源。

3. 中国古代生态伦理观

《庄子·齐物论》中论述人与万物为一："天地与我并生"，自然界"物无贵贱"，都处在平等地位上。"吾在天地之间，犹小石小木之在大山也"，从而确立了"万物平等论"。天地万物包括人，虽然看似千差万别，但归根结底都是齐为一体，也就是"合一"的，人不过是大自然的一个组成部分，与大自然本为一体，因此人的一切行为都应与天地自然保持和谐统一。一切人事物归于相同，没有区别之论，没有大小、是非、善恶、贵贱之分。

庄子说这句话的本意，就是通过讲万事万物的区别都是相对的，并没有绝对的标准，从而达到破除人们的执着与成见，从而让心灵达到无拘无束的自由状态。但它的意义，还远远超越了庄子所要表达的哲理意蕴本身。这就是其所蕴含的"万物一体"的思想，为今天的人类重新思考人与自然的关系提供了一种思考与借鉴，具有重要的生态伦理价值。万事万物都存在于大自然中，大自然造就了天地，也造就了我，我与天地万物共同存在，统一于大自然之中，从而应崇拜敬畏自然。

### 4.1.1.2　人类文明发展的历程

1. 原始文明

原始文明是完全接受自然控制的发展系统。人类生活完全依靠大自然赐予，狩猎采集是发展系统的主要活动，也是最重要的生产劳动，经验累积的成果——石器、弓箭、火是原始文明的重要发明。原始文明是依赖集体的力量生存，物质生产活动主要靠采集渔猎，为时上百万年。人口压力不大，对环境影响不大。原始社会生产力低下，人口稀少，无法抗衡自然界，对自然界了解不深刻，知道自然界对人类有影响、有好处。最早的生态文明思想是对自然的敬畏、崇拜。

2. 农业文明

自从华夏族鼻祖神农氏发现了食用的五谷并发明了耒耜（我国最早的耕种工具），解决了民以食为天的问题，从此人们不必再过着危险的捕猎生活，食物来源变得稳定，甚至产生富余。人类从食物的采集者变为食物的生产者，是第一次生产力的飞跃，人类进入农业文明。开始出现科技成果青铜器、铁器、陶器、文字、造纸、印刷术等。主要的生产活动是农耕和畜牧，人类通过创造适当的条件，使自己所需要的物种得到生长和繁衍，不再依赖自然界提供的现成食物。农业文明发源于光照充足、降水充沛，高温湿润适宜农耕生产的地域。这时候的生态文明思想是被动适应、顺应自然。

3. 工业文明

1769 年英国发明家瓦特成功发明了蒸汽机，1785 年又进行了改良，标志着人类社会发展史上一个全新时代的工业革命开始，终结了传统农业文明，提升了社会的生产力，创造出巨量的社会财富，从根本上变革了农业文明的所有方面，完成了社会的重大转型。随着人口不断地增加，粮食压力加大，为了解决这个问题，人类大规模毁林、毁草垦荒、粗放耕作、过度放牧、无休止战争，认为人类可以征服自然。为了提高农作物产量，大规模采用农业机械化、施用化肥和大量农药，造成生态退化、环境恶化、土壤沙漠化。特别是出现了世界上公认的八大公害事件，这时候人们开始反思"人与自然"的关系。

4. 生态文明

自从发生世界十大环境污染事件、《寂静的春天》《增长的极限》和《只有一个地球》

出版以及联合国关于人类环境和可持续发展的四个会议行动，加之我国资源约束趋紧和环境污染严重，不可能再走发达国家的老路，我国提出了不一样的可持续发展之路。2007年党的十七大报告将建设生态文明确定为全面建设小康社会的重要目标；2012年，党的十八大报告把生态文明建设纳入中国特色社会主义事业"五位一体"总体布局，首次把"美丽中国"作为生态文明建设的宏伟目标；2017年，党的十九大报告明确指出，人与自然是生命共同体，首次把美丽与富强、民主、文明、和谐一起写入社会主义现代化强国目标；2022年，党的二十大报告指出，"中国式现代化是人与自然和谐共生的现代化"，首次把"尊重自然、顺应自然、保护自然"定性为全面建设社会主义现代化国家的内在要求。

生态是自然界的存在状态，即生物之间以及生物与非生物环境之间的相互关系和存在状态。文明是人类社会的进步状态，指人类所创造的物质财富和精神财富的总和，一般分为物质文明和精神文明。生态文明是人类文明中反映人类进步与自然存在和谐程度的状态。广义的生态文明，是指人与自然、人与人、人与社会和谐共生、良性循环、全面发展、持续繁荣为基本宗旨的文化伦理形态。狭义的生态文明是要改善人与自然关系，用文明和理智的态度对待自然，反对粗放利用资源建设和保护生态环境。生态文明的内涵是尊重自然、顺应自然、保护自然。

## 4.1.2　水生态文明建设

### 1. 水生态文明提出

水是生态系统控制性要素。水是地表环境系统的基本构成要素，和气温、光照并列为三大非生物环境因子。水是影响生态系统平衡与演化的控制性因子，水分状况决定着陆生生态系统的基本类型。水生态文明是生态文明建设的重要组成、基础保障和显著标志。近年来，随着经济社会的快速发展，水污染、水域占用、水生态环境恶化等问题日益突出，已成为制约我国经济社会可持续发展的重要因素之一。加快水生态文明建设，是新时期我国水利改革发展的重要任务。

水是生命之源、生产之要、生态之基，水生态文明是生态文明的重要组成和基础保障。山川美，水是关键。党的十八大以来，水利部深入学习贯彻习近平生态文明思想，牢固树立建设美丽中国的行动自觉，坚持组织推动、政策驱动、试点带动，开展水生态文明城市建设试点工作，并取得显著成效。

2012年10月，山东济南被水利部确定为全国第一个创建国家级水生态文明城市试点。2013年1月，水利部出台了《关于加快推进水生态文明建设工作的意见》，进一步明确了水生态文明建设的重要意义和地位，正式将水生态文明建设列为我国流域管理和行业管理的重点工作。水生态文明是对生态文明的理念和思想的响应。水生态文明是生态文明理念在水资源利用和水资源管理实践中的运用，以尊重自然生态环境为主旨，通过开发水利发展经济，为人类社会发展服务，实现经济、社会、环境并重的可持续发展三维目标。

### 2. 水生态文明的内涵

水生态文明是一种文明形态，是生态文明的内涵延伸和其在水层面的深化与升华，是生态文明的核心组成部分，是保障经济社会可持续发展和水生态系统良性循环的重要基础。水生态文明是指以人水和谐为核心思想，从自然规律出发的实现水与经济、社会之间的良性循环的发展状态。

水生态文明包括的内涵十分广泛，主要包括以下内容：

（1）水生态文明倡导人与自然和谐相处，水生态文明的核心是"和谐"。党的十八大报告提出"尊重自然、顺应自然、保护自然的生态文明理念"，全新诠释了生态文明的内涵，倡导尊重自然、顺应自然、保护自然、合理利用自然。同样，水生态文明理念提倡的文明是人与自然和谐相处的文明，坚持以人为本、全面、协调、可持续的科学发展观，解决由于人口增加和经济社会高速发展出现的洪涝灾害、干旱缺水、水土流失和水污染等水问题，使人和水的关系达到一个和谐的状态，使宝贵有限的水资源为经济社会可持续发展提供久远的支撑。仅仅把水生态文明理解为"保护水生态"是不全面的，我们倡导的水生态文明的核心是"和谐"，包括人与自然、人与人、人与社会等方方面面的和谐。

（2）水资源节约是水生态文明建设的重中之重。当前我国水资源面临的形势十分严峻，水资源短缺问题日益突出，已成为制约经济社会可持续发展的主要瓶颈。水资源节约是解决水资源短缺的重要之举，是构建人水和谐的生态文明局面的重要措施。党的十八大报告提出"节约资源是保护生态环境的根本之策""加强水源地保护和用水总量管理，推进水循环利用，建设节水型社会"。可以看出，推进水生态文明建设的重点工作是厉行水资源节约，构建一个节水型社会。这是建设水生态文明的重中之重。

（3）水生态保护是水生态文明建设的关键所在。党的十八大报告提出"良好的生态环境是人类社会经济持续发展的根本基础。要实施重大生态修复工程，增强生态产品生产能力""加快水利建设，增强城乡防洪抗旱排涝能力""坚持共同但有区别的责任原则、公平原则、各自能力原则，同国际社会一道积极应对全球气候变化"。建设生态文明的直接目标是保护好人类赖以生存的生态与环境。因此，大力开展水生态保护工作是建设水生态文明的关键所在。

（4）水生态文明建设与经济建设、社会发展一起，是实现可持续发展的重要保障。党的十八大报告提出要把生态文明建设融入经济建设、政治建设、文化建设、社会建设各方面和全过程，组成"五位一体"。生态文明是物质文明、政治文明、精神文明、社会文明的重要基础和前提，没有良好和安全的生态与环境，其他文明就会失去载体。水资源是人类生存和发展不可或缺的一种宝贵资源，是经济社会可持续发展的重要基础。水生态系统是水资源形成、转化的主要载体。因此，保护好水生态系统，建设水生态文明，是实现经济社会可持续发展的重要保障。

## 4.2　水利旅游的概念与发展历程

### 4.2.1　水利旅游的概念

国内水利旅游的概念最早由水利部于 1997 年提出，水利部建设与管理司将其定义为"社会经济各界利用水利行业管理范围内的水域、水工程及水文化景观开展旅游、娱乐、度假或进行科学、文化、教育等活动的统称"。

许多专家学者提出了类似的概念。崔千祥（2005）认为，水利旅游是指利用水利工程及其工程用地开展的集水工建筑工程和山水风光于一体的特色旅游。王会战（2007）认为，水利旅游是指以水域（体）或水利工程及相关联的岸地、岛屿、林草、建筑等自然景观和人文景观为主体吸引物的一种旅游产品形式。何玉婷（2007）认为，水利旅游是利用水利部门管理范围内的水域、水工程及水文化景观开展观光、游览、休闲、度假、会议、科学、教育等活动，从而满足旅游者求知、求新、求奇等各种各样的物质需求和精神需求。钟林生（2011）指出，水利旅游是指以水域或水利工程及相关联的岸地、岛屿、林草、建筑等自然景观和人文景观为主要吸引物的一种旅游形式。

水利与旅游融合是落实生态文明建设、乡村振兴、全域旅游战略，建设共同富裕示范区的必然要求，是推进全域旅游绿色发展的重要组成，也是发展水经济、推动水生态产品价值实现的必经之路。

## 4.2.2 水利旅游发展历程

1997 年颁布了《水利旅游区管理办法（试行）》，2000 年开始国家水利旅游区的申报；2006 年将"水利旅游区"改称"水利风景区"延续至今。2001 年 7 月成立了水利部水利风景区评审委员会，办公室设在水利部综合事业局。2021 年 5 月成立水利风景区建设与管理领导小组，办公室设在水利部综合事业局，并接受水利部河湖管理司的业务指导和监督。2004 年以来陆续颁布了《水利风景区管理办法》（2022 年 3 月修订）等法规与技术标准，印发了《水利风景区发展纲要》（2005 年 7 月），规划了全国水利风景区发展的蓝图。水利部在 2022 年 3 月印发《水利风景区管理办法》（水综合〔2022〕138 号）（以下简称《办法》）。

# 4.3 水利风景区的概念与分类

## 4.3.1 水利风景区的概念

根据《办法》，水利风景区是指以水利设施、水域及其岸线为依托，具有一定规模和质量的水利风景资源与环境条件，通过生态、文化、服务和安全设施建设，开展科普、文化、教育等活动或者供人们休闲游憩的区域。

水利风景区建设是水生态文明建设的重要内容，水生态文明建设将对水利风景区建设起到重大推进作用。水文化是水利风景区规划的核心元素，水利风景区是水文化展示与传播的重要载体。

## 4.3.2 水利风景区的分类

水利风景区按照认定管理级别的不同，还可以分为国家级水利风景区和省级水利风景区两种级别。

水利风景区按照功能特征分为水库型、湿地型、自然河湖型、城市河湖型、灌区型和水土保持型六类。不同类型的景区有不同的条件和情况，在规划建设中应因地制宜，注意突出特点，形成特色。

（1）水库型。水库型水利风景区水工程建筑气势恢宏，泄流磅礴，科技含量高，人文景观丰富，观赏性强。景区建设可以结合工程建设和改造，绿化、美化工程设施，改善交通、通信、供水、供电、供气等基础设施条件。核心景区建设应重点加强景区的水土保持和生态修复，同时，结合水利工程管理，突出对水科技、水文化的宣传展示。

（2）湿地型。湿地型水利风景区建设应以保护水生态环境为主要内容，重点进行水源、水环境的综合治理，增加水流的延长线，并注意以生态技术手段丰富物种，增强生物多样性。

（3）自然河湖型。自然河湖型水利风景区的建设应慎之又慎，尽可能维护河湖的自然特点，可以在有效保护的前提下，配置之以必要的交通、通信设施，改善景区的可进入性。

（4）城市河湖型。城市河湖除具有防洪、除涝、供水等功能外，水景观、水文化、水生态的功能作用越来越为人们所重视。应将城市河湖景观建设纳入城市建设和发展的统一规划，综合治理，进行河湖清淤，生态护岸，加固美化堤防，增强亲水性，使城市河湖成为水清岸绿，环境优美，风景秀丽，文化特色鲜明，景色宜人的休闲、观光、娱乐区。

（5）灌区型。灌区水渠纵横，阡陌桑图，绿树成荫，鸟啼蛙鸣，环境幽雅，是典型的工程、自然、渠网、田园、水文化等景观的综合体。景区可结合生态农业、观光农业、现代农业和服务农业进行建设，辅以必要的基础设施和服务设施。

（6）水土保持型。水土保持型水利风景区可以在国家水土流失重点防治区内的预防保护、重点监督和重点治理等修复范围内进行，也可与水保大示范区和科技示范园区结合开展。

截至 2016 年年底，全国共有 788 处国家水利风景区。其中：水库型水利风景区是目前的主导形式，其比例约占国家水利风景区总量的 45.24%；其次是自然河湖型和城市河湖型，分别占 21.34% 和 20.57%；湿地型占比较小，为 5.40%；灌区型和水土保持型所占比例最小，两者分别为 3.47% 和 3.98%（图 4-1）。

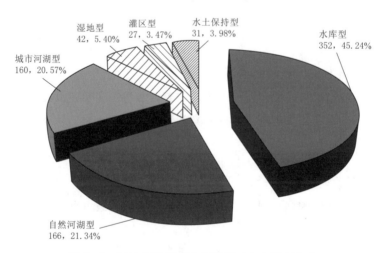

图 4-1　2016 年底国家水利风景区六大类型占比

# 4.4 水 文 化 概 论

"美丽中国"是现代化建设的目标，而"美丽中国"首先需要环境美，在环境美的构成里面，水是非常重要的一部分，是生态环境建设的基石。

## 4.4.1 水文化的定义

水文化是在人水关系中以水为媒介产生的文化现象和文化规律，是社会性的文化。人水关系的范围广泛，如用水、治水、管水、观赏水、描写水还有护水、爱水都是人水关系。在这些人水关系中产生的文化现象和文化规律都是水文化的范畴。水文化是一种社会文化，是全民的文化，跟每一个人都有关，水利文化是一个水利行业文化，但是水利文化是水文化的主要部分。自然形态的水本身不能产生文化，但水与人类的物质活动和精神活动相结合，就会产生文化。因为人水关系中，治水、用水和管水是非常重要的。文化是人的创造，不是自然形成的。

水文化是以水和水事活动为载体形成的文化形态。水文化并不是说水本身就是文化，水只是一个载体，载体是指承载某种事物的物体或介质。水文化是人们以水和水事活动为载体创造的一种文化。以水为载体包含两个方面的含义：一是水承载着对人类和社会的伟大贡献，如水对人的生命、健康，水对社会政治、经济、军事、科学、技术、文学、艺术、审美等的重要联系和伟大贡献；二是水承载着人类对水的伟大实践，也就是水事活动，即人与水发生联系过程中所从事的一切活动。水事活动主要包括人类的饮水、用水、治水、管水、护水、节水、亲水、观水、写水、绘水等重要社会实践活动。这些是水文化形成的基础和发展的动力。正是这两方面的联系形成了丰富多彩、博大精深的水文化。因此水文化的根本特征是"以水和水事活动为载体"的文化。

水文化是水在与人和社会生活各方面的联系中形成和发展的文化形态。因为水与人的生命、生存、健康、生产生活方式等方面都有十分密切的联系；水与社会的政治、经济、文化、军事、生态等方面有十分密切的联系。水文化就是在这些联系中形成和发展起来的，如果没有这种联系就没有水文化的形成，也就没有水文化的发展。因此，研究水与人类生存和发展各方面的关系，研究水与社会文明和发展进步各方面的关系应是水文化研究的重要内容。

水文化内涵要素和定义类型与文化基本一致。这是文化与水文化最紧密的联系的反映。从水文化的内涵要素讲，水文化具备了人、水以及物质财富和精神财富三大要素。从水文化的定义类型讲，从"文化财富型"中可以引申出"水文化是人们以水和水事活动为载体，在与人和社会生活的各方面发生联系过程中创造的物质财富和精神财富的总和"；从"文化方式型"中可以引申出"水文化是人们以水和水事活动为载体，进行生活、生产和思维的方式"；从"文化反映型"中可以引申出"水文化是水和水事活动在社会文明和经济发展中地位和作用的反映"；从"文化复合型"中可以引申出"水文化是与水和水事活动有关的知识、信仰、艺术、音乐、风俗、法律以及各种能力的复合体"。

### 4.4.2　水文化的分类

1. 物质形态的水文化

物质形态的水文化要有物质的载体，通过看得到的实体展示出来，如具有人文烙印的水利工程、水工技术、治水工具等。物质水文化是水文化的表层，是承载精神文化的基础，是展示精神文化、提升水利形象的物质条件和有效载体。

水资源如此宝贵，我国又面临水资源危机，如何治理水资源就成为一个重要的问题。传统意义上水资源治理就是治水，治水就是对水患的防与治，整治水利、疏通江河、避免泛滥成灾。但是今天的治水已经不仅仅止于此，治水是一个广义的社会管理概念，涵盖了水的管理、保护、开发，以及水处理等，远远超出了水患防治的范畴，还包含水生态、人水关系等。水治理主要包括两方面的措施，即工程措施和非工程措施。工程措施是指兴修水利，如建造水库、大坝、涵闸等措施，以达到防洪、供水、灌溉的效果。治国必先治水，新中国成立后，党和政府把水利建设放在恢复和发展国民经济的重要地位。毛主席先后号召一定要把淮河修好，要把黄河的事情办好，一定要根治海河，全国上下掀起了一波又一波的水利建设热潮。

新中国成立以前偌大的国土上只有 22 座大中型水库和一些塘坝小型水库，江河堤防只有 4.2 万 km，几乎所有的江河都缺乏控制性工程。新中国成立 70 多年来，国家投入上万亿元开展大规模水利建设，一项项水利重点工程为时代的发展书写了浓墨重彩的篇章，成为促进国家协调可持续发展的重要举措，成为造福人民的历史丰碑。三峡水利枢纽工程是迄今为止世界上规模最大的水利枢纽（图 4-2），可以使长江荆江段防洪标准达到 100 年一遇，水电站年平均发电量达 847 亿 kW·h，年通航能力提高了四五倍。

图 4-2　三峡水利枢纽

小浪底水利枢纽工程（图 4-3）可大大缓解花园口以下的防洪压力（图 4-4），使黄河下游防洪标准从原来约 60 年一遇提高到 1000 年一遇，基本解除黄河下游凌汛的威胁，同时有效减少泥沙淤积，发挥供水、灌溉和生态修复等作用。

图 4-3 小浪底水利枢纽工程 　　　　　　　　图 4-4 小浪底泄洪

南水北调工程分东、中、西三条线路分别从长江下游、中游和上游向北方调水。其中：西线工程是从长江上游调水到黄河上中游及西北内陆河部分地区；中线一期工程从丹江口水库引水，已于 2014 年 12 月通水，全程自流到河南、河北、北京、天津，全长1432km。作为优化我国水资源配置的重大战略性基础设施，南水北调工程将有效解决北方水资源严重短缺的问题，实现长江、淮河、黄河、海河四大流域水资源的合理配置，统筹规划调水区和受水区的经济效益、社会效益和生态效益，中华大地可形成四横三纵、南北调配、东西互济的水资源配置格局。

临淮岗洪水控制工程（图 4-5）是淮河中游最大的水利枢纽，结束了淮河中游无防洪控制性工程的历史，实现了沿淮人民的百年夙愿和几代治淮人的世纪梦想，标志着淮河流域整体防洪保安达到了一个新的水平。

图 4-5 临淮岗洪水控制工程

截至 2022 年，全国共建成水库 9.8 万余座，总库容达到了 9323 亿 $m^3$，整修和加固堤防逾 29.4 万 km，新建水闸约 3.2 万座，七大江河初步形成了以水库、堤防、蓄滞洪区为主体的拦、排、滞、分相结合的防洪工程体系，防汛抗旱减灾的成效也很显著，供水保障力也大幅提升，城市自来水普及率达到了 97% 以上，农村集中式供水人口比例提高到60% 以上，先后解决了超过 6 亿农村人口的饮水安全问题。全国市县累计建成污水处理厂

（图4-6）4000余座，污水处理的能力每日约1.53亿 m³，这些都对我国防洪体系完善、水资源开发与调配、水污染防治等起到了极大的促进作用，也是国家实现经济社会快速发展的重要保障。

图4-6　污水处理厂平面效果图

### 2. 精神形态的水文化

精神形态的水文化是水文化的深层，包括水与哲学、文学、艺术、宗教、美学等。精神形态的水文化是水文化的核心，具有历史的继承性和相对的稳定性，常存在于典籍、文学艺术作品和一些传说中。精神水文化是水文化的核心，是物质文化和制度文化的精神基础，对后者起着统领的作用，是水利发展的灵魂。

老子以水喻道，在《道德经》第八章写道："上善若水。水善利万物而不争，处众人之所恶，故几于道。……"庄子拿水来比喻人的精神，"水静则明烛须眉，平中准，大匠取法焉。水静犹明，而况精神"（《庄子·天道》）。"子在川上曰：'逝者如斯夫，不舍昼夜'"（《论语·子罕》）。"夫兵形象水，水之形，避高而趋下，兵之形，避实而击虚"（《孙子兵法·虚实篇》）。在中国的传统文化中，以水比德是一个很久远的传统。如：词语"海纳百川"；秦代李斯"河海不择细流，故能就其深"；孟子"人无有不善，水无有不下"；荀子"水则载舟，水则覆舟"。

《山海经》载"女娲补天""精卫填海""大禹治水"的故事，是民间口传文学所述；远古洪荒、洪水滔天的传说，虽是一种"神话的感知"，但从这种"原初层"的原始智力所独具的文化体认，仍可感悟到"水文化"的内涵。及至《诗经》时代，无论是《周南》里的《关雎》《汉广》，《秦风》中的《蒹葭》，还是《魏风》中的《伐檀》，《卫风》里的《河广》，其写爱情、描现实、言思乡，已明显是表现出寓情于水、以水传情的文化取向，遂使"关关雎鸠，在河之洲，窈窕淑女，君子好逑""蒹葭苍苍，白露为霜。所谓伊人，在水一方"这样的诗句成为千古绝唱。《诗经》中描写风景山水之作为数甚多，诸如："河水洋洋，北流活活"（《卫风·硕人》）；"溱与洧，方涣涣兮"（《郑风·溱洧》）；"蒹葭苍苍，白露为霜，所谓伊人，在水一方"（《秦风·蒹葭》）；"谁谓河广？一苇杭之。谁谓宋远？跂予望之。谁谓河广？曾不容刀。谁谓宋远？曾不崇朝。"(《卫风·河广》)。

水与艺术方面包括雕塑、绘画、建筑、舞蹈与戏剧、音乐等。雕塑如冰雕、雪雕；绘画如水彩画、水粉画、水墨画、山水画；建筑方面如水舞剧院、亲水公园、中国园林理水方式；舞蹈与戏剧如现代舞蹈表演剧团云门舞集的作品《水月》《九歌》(舞剧)；音乐如亨德尔著名的交响乐作品《水上音乐》。

由于水有洗净的功能，因此在宗教之中，水往往被认为能洗净人身体及灵魂上的罪恶。基督宗教中，在《圣经·旧约》记载，创世之初上帝为了人类的罪恶以洪水灭世；在《圣经·新约》中，耶稣本身受过洗者圣若翰的洗礼，后来基督徒是经由受洗礼圣事进入教会；《福音》中记载耶稣行过许多与水有关的奇迹，在加纳的一场婚宴中，他将水变成酒，此外还在水面上行走。天主教的圣水被认为能涤净罪愆，某些圣地的泉水被认为可以治病。

在东方宗教中，印度教的传统是人的一生中必须到印度教圣地瓦拉纳西用恒河之水沐浴一次，洗净一身的罪恶。在中国，大乘佛教中观世音菩萨的形象是手托柳枝净瓶，普施甘霖；道教中则有以符灰泡水供人饮用以治病的习俗；风水之术则认为一切物体方位对于运势均有影响，水就是影响环境的因素之一。

3. 制度（行为）形态的水文化

制度（行为）形态的水文化通过人的行为以及约束人行为的种种制度体现出来，包括法律法规、风俗习惯、宗教仪式及社会组织。制度水文化是水文化的中间层次，是精神文化落到实处的有力保证，也是水利健康发展的基本保障。

水治理非工程措施是通过行政、法律、经济、生态等手段来进行水资源治理的措施。非工程措施是软件措施，包括水利管理、治水方略、蓄洪区及防洪预警系统、水法律法规、水资源监控体系和水生态。

水治理如何实现良治，是我国治理的最大难题之一。我们对水问题的关注最早是从黄河断流开始的。黄河洪水自古闻名于世，改革开放以来，随着用水量的快速增加，水资源短缺的问题日益突出，黄河在1997年断流226天，黄河断流成为世纪之交水问题的一个缩影，引起人们的深入思考，越来越多的人认识到单纯依靠修建水利工程根本无法满足经济社会发展对水资源提出的增量供给需求，必须树立"大"的水资源观，从工程水利向资源水利转变，谋求水资源的可持续利用。因此解决水问题实现水治理的良治，非工程因素尤为重要。在过去的十几年时间里，在应对复杂水问题的解决过程中，我国明显加快了水治理变革，并取得了一系列重要进展。

近年来，我国致力于改革管理体制，强调水资源的统一管理和流域综合管理，实施最严格水资源管理制度。2011年《中共中央　国务院关于加快水利改革发展的决定》要求实行最严格水资源管理制度。2012年《国务院关于实行最严格水资源管理制度的意见》对实行最严格水资源管理制度做出全面部署和具体安排，确立了"三条红线"和"四项制度"。"三条红线"分别是资源开发利用控制红线、用水效率控制红线和水功能区限制纳污红线。"四项制度"分别是用水总量控制制度、用水效率控制制度、水功能区限制纳污制度以及水资源管理责任和考核制度。

2013年，国务院印发了《实行最严格水资源管理制度考核办法》，明确由水利部会同国家发展和改革委等部门负责具体组织实施最严格水资源管理制度考核工作，考核的对象为各省级人民政府，并先后印发了一系列实施方案，进一步规范实行最严格水资源管理制度考核工作，最严格水资源管理制度体系基本建立。

2015 年 4 月，国务院发布了《水污染防治行动计划》，简称"水十条"，这是开展全国水污染防治大决战的战略部署，它明确了大力推进生态文明建设，以改善水环境质量为核心，按照"节水优先、空间均衡、系统治理、两手发力"治水思路，贯彻"安全、清洁、健康"的方针，强化源头控制、水陆统筹、河海兼顾，对江河湖海实施分流域、分区域、分阶段的科学治理，系统推进水污染防治、水生态保护和水资源管理等水污染防治总要求。"水十条"提出到 2020 年全国水环境质量得到阶段性改善，到 2030 年力争全国水环境质量总体改善，到 21 世纪中叶生态环境质量全面改善，生态系统实现良性循环的治理目标；发出了水污染防治大决战的全民动员令，要求实行政府统领、企业施治、市场驱动、公众参与的社会共治模式，政府、市场、企业、公众各司其职、各施所长、协同配合。

2016 年 10 月 11 日，中央全面深化改革领导小组审议通过了《关于全面推行河长制的意见》，决定在全国推行河长制，要求在 2018 年年底全面落实河长制，河长制是从河流水质改善领导督办制、环保问责制衍生出来的水污染治理制度。河长制由地方首长任河长，具有协调的权限和权威，便于协调各部门的工作，实现了河湖水系的综合治理；进一步健全水法律法规，各种涉水事务基本做到有法可依。2018 年 1 月 1 日新修改的《中华人民共和国水污染防治法》开始落实实施，其坚持问题导向、目标导向，将生态文明建设的新要求和"水十条"提出来的新措施予以规范化、法制化，责任更加明确，思路更加清晰，重点更加突出，监管更加全面，惩处更加有力。

为落实中央的发展新理念，近年立法机构对《中华人民共和国水法》《中华人民共和国防洪法》等水法律法规及时进行了修订，各地也制定了一批特色鲜明的地方性法规和政府规章，为从严治水提供了更坚实的法律基础。《南水北调工程供用水管理条例》为南水北调工程充分发挥效益和依法管理提供了制度保障。《农田水利条例》是国家关于农田水利的第一部行政法规，为农田水利建设管理提供了法治保证。2017 年修改过的《大中型水利水电工程建设征地补偿和移民安置条例》全面实施征地补偿与铁路等基础设施项目用地实施同地同价。

此外，目前我国已颁布实施以水管理为主要内容的法律 4 件、行政法规 20 件、部规章 56 件、地方性法规和地方政府规章 700 余件，基本涵盖了水利工作的方方面面，各项涉水事务基本可以做到有法可依。创新治水手段，引入水权和水市场等市场手段、现代信息手段、公众参与等多元化手段。例如 2000 年 11 月 24 日，浙江省东阳市和义乌市签订了《有偿转让横锦水库的部分用水权的协议》，开创了我国水权交易的先河；2003 年 1 月 9 日，绍兴市汤浦水库有限公司与慈溪市自来水总公司正式签订了《供用水合同》。

水文化的内容博大精深，既有物质形态的水文化，也有精神形态的水文化。界于物质形态和精神形态之间，还有一个制度形态的水文化。这三种水文化形态的关系我们可以这样来认识：人类与水的联系作用于自然界，产生了物质形态的水文化；作用于社会，产生了制度形态的水文化；作用人本身，产生了精神形态的水文化。三者之间互相联系，各有侧重。

# 4.5 水文化规划

文化是一种社会现象，是人们长期创造形成的产物，同时又是一种历史现象，是社会历史的沉淀物。确切地说，文化是凝积在物质之中又游离于物质之外，能够被传承的地区或民族的历史、地理、风土人情、传统习俗、生活方式、文学艺术、行为规范、思维方式、价值观念等，是人类之间进行交流的普遍认可的一种能够传承的意识形态。

水文化是人类与水有关的改造、认识、人文等活动创造产生的精神与物质文化现象的结晶，是文化的重要组成部分。现代水文明建设，统筹水利建设与城乡发展，以水资源的永续利用支撑社会经济社会的可持续发展，以水的良性循环保障流域其他生物具有良性生态条件，以打造富有文化内涵和高品位的水工程和景观性水环境适应人们不断增长的水精神需求等水生态文明建设，极大地丰富了现代水利、民生水利的内涵，进一步拓展了水利的发展空间，这些目标的实现，都少不了水文化和新的水文化工程技术的支撑。

水文化规划编制包括概况、总则、规划指导思想与原则、历史积淀下的水文化、规划建设的主要任务、工程项目与投资估算、水文化建设的保障措施等方面内容。

## 4.5.1 概况

概况主要指自然情况和社会经济情况。自然情况主要是指自然环境、自然条件，包括地形地貌、河流水系、水文气象和土壤植被。社会经济情况指行政区划、人口分布、产业结构和经济发展水平。

## 4.5.2 总则

水文化规划总则包括任务的由来、水文化建设的意义。任务的由来可以从项目背景、上级下达、横向联系单位委托等方面阐述。水文化建设的意义体现在：水文化是生态文明建设的驱动力；水文化是生态文明的重要构成和支撑；水文化对人文精神的形成和发展产生积极的引导作用；水文化建设有利于优秀文化的传承；水文化建设有利于促进水利事业的繁荣发展。

## 4.5.3 规划指导思想与原则

水文化规划指导思想与原则包括规划指导思想、规划原则、规划依据、规划编制期限、规划目标。规划指导思想是以马克思列宁主义、毛泽东思想、邓小平理论、"三个代表"重要思想、科学发展观、习近平新时代中国特色社会主义思想为指导，深入贯彻党的十七大、十八大、十九大和二十大精神，全面落实水利部《水文化建设规划纲要（2011—2020）》和各省的文化发展规划，按照社会主义核心价值体系的建设要求，结合项目所在地文化的建设目标展开阐述；规划原则包括以人为本、全面协调、持续发展、因地制宜、科学创新原则；规划依据包括法律类、文件类和规划设计类；规划编制期限包括近期、中期和远期；规划目标包括总体目标和具体目标，其中具体目标分近期、中期和远期目标。

### 4.5.4　历史积淀下的水文化

水文化规划中历史积淀下的水文化内容包括人水自然关系中的人文精神、人类治水历史中的人文精神、流域历史养育中的人文精神。人水自然关系中的人文精神从生产生活方式上、自然和水生态环境中提炼；人类治水历史中的人文精神从当地治水历史、古代和现代治水人物及故事中进行提炼；流域历史养育中的人文精神从民间工艺、民俗文化、文学艺术、宗教文化和建筑艺术中进行提炼。

### 4.5.5　规划建设的主要任务

水文化规划建设的主要任务包括布局、载体。布局一般是指项目所在地三维空间每个工程存在的一个格局，在地理立体空间指点、线、面的位置，即各个要素间的空间分布。

载体是指承载某种事物的物体或介质，水文化载体一般包括源头文化、水利风景区、水利展览馆、生态河道、文学艺术作品、民俗及庆典活动、历史文化遗产、水文化绿道和当地与水有关的漂流、温泉等。

### 4.5.6　工程项目与投资估算

水文化规划建设的工程项目包括项目名称、项目选址和建设内容，分期建设时应按照各建设期分别列表汇总。水文化建设的投资估算应按国家有关概算编制的规定和要求进行编制，并编列各年度投资估算，分期建设时应按照各建设期的投资分别汇总列出。

### 4.5.7　水文化建设的保障措施

保障措施可以从加强组织领导、加大资金投入、发展建设规划、培育人才队伍、加强传播教育方面阐述。

## 4.6　水利风景区规划

水利风景区规划是指导水利旅游开发建设的重要手段，因此，科学合理地编制水利风景区规划是推动水利旅游健康、持续发展的必要条件。本章依据水利风景区规划编制导则，从空间规划、设施规划和景观规划三方面对水利风景区规划的重点内容进行阐述。建设发展水利风景区是贯彻习近平生态文明思想、建设美丽中国的重要举措。水利风景区建设是水生态文明建设的重要内容，水生态文明建设将对水利风景区建设起到重大推进作用，水利风景区又是水文化建设的重要载体。2021 年年底，全国已建成国家水利风景区902 家，涵盖了 31 个省（自治区、直辖市）。

为科学、合理地开发利用和保护水利风景资源，促进人与自然和谐相处，规范水利风景区的规划、建设与管理工作，水利部制定了推荐性行业标准《水利风景区规划编制导则》（SL 471—2010）（以下简称《导则》），适用于国家级和省级水利风景区规划的编制。根据导则的内容，可将水利风景区规划分为12 章，即规划总则、景区资源调查与分析、市场分析、规划定位与目标、规划布局、重点项目策划、风景区环境容量测算、专项规划、投资估算与效益评价、环境影响评价和实施保障。

### 4.6.1　规划总则

规划总则主要包括规划背景、规划范围、规划期限、规划依据、规划的指导思想、规划原则、与相关规划衔接等。

### 4.6.2　景区资源调查与分析

1. 风景区概况

风景区概况包括自然条件、人文历史、社会条件、经济发展、水资源条件。其中自然条件包括区位条件、地质地貌、气象水文、土壤与生物、生态环境和土地利用。

2. 景区资源评价

景区资源评价包括水文景观、地文景观、天象景观、生物景观、工程景观和人文景观。

3. 景区发展分析

景区发展分析分别从优势、弱势、机遇和挑战四个方面进行分析。优势可从区位交通、水资源与旅游资源、水工程资源等方面进行分析。

### 4.6.3　市场分析

从客源市场分析、客源市场定位、客源市场预测进行分析。客源市场分析包括基本客源市场、拓展客源市场、潜在客源市场;客源市场定位是建立在客源市场分析的基础上,可采用地域定位、群体特征定位和专项市场定位三种方法加以确定;客源市场预测可根据风景区所在地每年增长的速率进行客源市场预测和基准年的旅游人数,估算风景区旅游人数在规划近、远期的年均增长率,得到不同发展阶段水利风景区的旅游市场规模。

### 4.6.4　规划定位与目标

规划定位一般是以一个代表性的水利风景资源为骨架,以历史文化为底蕴,以人水和谐为主题,以当地治水为亮点,融水利科普、文化体验、休闲度假、观光购物等多元素为一体的开放式、综合型、生态化的具有当地特色的国家级或者省级水利风景区;规划目标分近期目标和远期目标。

### 4.6.5　规划布局

规划布局包括布局原则、空间布局与功能分区。布局原则要体现协调发展原则、系统配置原则、区域联动原则和要素集聚原则;根据对区域空间结构的分析,并将水利风景区旅游空间的资源整合,确定风景区的布局形态。

### 4.6.6　重点项目策划

围绕水利风景区建设和升级的要求,遵循"整合与开发并重,优化与创新同步"的开发方针,在有效梳理风景区内旅游资源的基础上,以"生态修复、人水和谐"为主题,创新开发水利旅游项目，整合水利工程、河道、历史文化遗迹等各种旅游资源，培育生态游憩、休闲度假、科普教育等特色旅游产品。

### 4.6.7　风景区环境容量测算

1. 测算原则

合理的游客容量必须符合在旅游活动中，在保护旅游资源质量不下降和生态环境不退化的条件下取得最佳经济效益的要求；合理的游客容量应满足游客舒适、安全、卫生、方便、快捷的旅游需要。

2. 测算方法

环境容量的测算一般有面积容量法、线路法、卡口法三种。具体计算公式如下：

（1）面积容量法

$$C = AD$$

式中　$C$——日环境容量，人次$/$d；

　　　$A$——每位游客所占有的合理游览面积，$m^2/$人；

　　　$D$——周转率（$D =$景点开放时间$/$游完景点所需时间）。

（2）线路法

$$C = S\frac{D}{S_1}$$

式中　$S$——旅游道路总面积，$m^2$；

　　　$S_1$——每位游人所占平均道路面积，$m^2/$人；

　　　$D$——周转率（$D =$景点开放时间$/$游完景点所需时间）。

（3）卡口法

$$C = BQ$$

$$B = \frac{t_1}{t_3}$$

$$t_1 = H - t_2$$

式中　$B$——日游客批数；

　　　$Q$——每批游客人数；

　　　$t_1$——每天游览时间，min；

　　　$t_2$——游完全程所需时间，min；

　　　$t_3$——两批游客相距时间，min；

　　　$H$——每天开放时间，一般取 480min。

### 4.6.8　专项规划

导则提出了 12 个专项规划，涉及水资源保护、水生态修复、景观、旅游组织、水文化传播等。根据各个专项涉及的具体内容和范畴，可将其归纳为水利系统、旅游系统、保障系统三方面的专项规划。

#### 4.6.8.1　水利系统

水利系统专项规划包括水资源保护规划、水生态环境保护与修复规划、水利科技与水文化传播规划。

1. 水资源保护规划

分析风景区建设与发展可能带来的水质变化，预测规划区水环境承载力、水体纳污能力等指标，提出水质保护的具体措施，确保水体质量。进行合理的水量供需平衡分析，优化配置水资源，妥善安排风景区的生产、生活、生态用水。

2. 水生态环境保护与修复规划

对风景区建设可能导致的水生态环境变化进行分析预测，并提出水域及岸线附近水生态环境的具体保护措施，提出具体的水生态环境修复措施，对生物资源、珍稀物种及群落提出明确的保护措施，保护生物多样性。

3. 水利科技与水文化传播规划

有条件的风景区可设置相应的水利科技与水文化展示设施，也应对水利科技与水文化传播展示的主题、内容和表现形式等提出明确要求。

### 4.6.8.2 旅游系统

旅游系统专项规划包括景观规划、交通与游线组织规划、服务设施规划、标识系统与解说规划、营销与管理规划。

1. 景观规划

景观规划包括水文景观、地文景观、人文景观、生物景观、工程景观等内容，应根据风景区内风景资源，尊重和保护自然文化遗存，挖掘和弘扬地方文化特色，合理利用景观元素，塑造特色景观。

2. 交通与游线组织规划

风景区的交通应包括外部交通和内部交通。外部交通规划应充分利用社会交通条件，保障风景区与外部联系的顺畅。内部交通规划应统筹安排水路与陆路的有效连接，合理布置码头、停车场等，根据实际情况进行合理的道路分级，以保障游客安全、便捷地到达风景区内各景点。

3. 服务设施规划

应科学合理设置风景区服务设施，为游人的吃、住、行、游、购、娱提供快捷方便的服务，充分利用现状地形条件和植被条件，集中布置与分散布置相结合。服务区污染物处理应符合环保要求。

4. 标识系统与解说规划

通过文字、图像和符号，向游人标示景点及服务设施等信息，并本着规范化、生态化、本地化原则，合理安排标识牌和景点介绍牌位置、数量、风格、式样等，对解说系统的对象、内容和重点及解说方式提出系统的要求与安排。

5. 营销与管理规划

对风景区的形象设计、营销措施、营销方式、营销渠道等方面做出综合部署，对风景区的管理体制、机构设置、运营机制及人员配置等提出建议和要求。

### 4.6.8.3 保障系统

保障系统专项规划包括配套基础设施规划、土地利用规划、竖向规划、安全保障规划。

1. 配套基础设施规划

配套基础设施应包括给排水、环卫、供电、通信等，还可根据需要配置防火、防盗、医疗等应急设施，满足风景区建设与管理的要求。

2. 土地利用规划

在对风景区土地资源和土地利用现状分析评估的基础上，应提出规划区土地规模、结构及空间分布的需求预测方案。科学合理制定风景区近期、中期、远期土地利用计划，列出土地利用平衡表。

3. 竖向规划

确定重要节点的建筑物、场地和道路的位置与标高，保证景观效果，合理确定节点区域的坡度和坡向，以利于地表水的排放，根据实际地形的高度、高差，在维持土方平衡的原则下，通过地形改造塑造大地景观。

4. 安全保障规划

安全保障规划应包括工程安全、防洪安全、游人安全、消防安全等，应根据情况建立安全保障体系及监控信息系统，制定安全保障应急预案，设立抢险救援机构，并配备具备资格的救援工作人员。

## 4.6.9　投资估算与效益评价

投资估算与效益评价是规划实施和开发建设的必要条件，包括投资估算和效益评价。

1. 投资估算

规划应对风景区建设及相关项目的投资进行估算，对近期、中期和远期的投资做出安排。水利风景区建设的投资估算应按国家有关概、预算编制的规定和要求进行编制，并编列各年度投资估算，分期建设时应按照各建设期的投资分别汇总列出。

2. 效益评价

规划应对风景区建设的效益进行综合评价，包括经济效益评价、社会效益评价和生态效益评价。

经济效益评价包括静态评价、动态评价、风险分析、还贷能力分析，经济效益评价应建立在对风景区周边旅游市场调研、分析以及预测的基础上，做到科学、客观。

社会效益评价应从吸纳当地劳动力就业、增加居民收入、提供科普场所、提高当地知名度、促进社会进步等方面阐述风景区开发的预期效果。

生态效益评价应从改善当地生态、促进环境保护等方面阐述风景区开发的预期效果，包括水资源的保护、防治水土流失、珍稀生物的保护、生态环境的改善等。

## 4.6.10　环境影响评价

规划环境影响评价应遵守水利行业规划环境影响评价的有关规定，符合相关技术文件要求，包括规划实施可能对相关区域社会、生态环境、人群健康所产生的影响，并进行分析、预测和评估，提出预防或者减轻不良环境影响的措施。规划环境影响评价文件应有明确的评价结论。

### 4.6.11 实施保障

实施保障包括政策制度保障、管理体制保障、资金保障和人才保障等。

## 参 考 文 献

［1］ 李鹏，董青.水利旅游概论［M］.北京：高等教育出版社，2014.

［2］ 尉天骄.中华水文化概论［M］.郑州：黄河水利出版社，2008.

# 第5章 河湖生态治理与景区规划案例

## 5.1 永定河北京河段生态治理

### 5.1.1 永定河概况

永定河是海河北系的一条主要河流，历史悠久，源远流长，西汉以前统称治水，东汉至南北朝称㶟水，隋至宋称桑干水、桑干河；金称卢沟河，元至明称卢沟河、浑河；明末清初又称无定河，直到清康熙皇帝赐名"永定"后，才始称永定河。中国历史上，永定河最精彩的一笔就是孕育了中国的七朝古都——北京。3000多年前，北京早期的先民便在永定河扇形洪积地区建立了最早的居民点。周武王平定天下后，黄帝的后代在此建立了诸侯国——蓟国，造就了北京的最初形态。永定河水是历史上北京城直接或间接的主要饮用水源，也是历史上北京农田的主要灌溉水源。几千年来，永定河一直在滋养着北京城，润泽着历朝历代的京都子民。永定河是北京的"母亲河"。

永定河流域内水资源充沛、森林茂密，矿藏、物产丰富，因此成为离古蓟城最近的水资源、煤炭、柴薪等能源以及石料、树木、石灰等建材的供应地。源源不断的物产资源哺育了城市的成长。古蓟城从一座小居民点逐渐发展成为军事重镇，南北交通的枢纽，各民族文化、经济交流的城市，直至成为金、元、明、清的首都。

永定河全长747km，总流域面积47000km²。流经北京境内长170km，流域面积3168km²。永定河上游有两个源流。一为源自内蒙古兴和县以北山麓的洋河，一为源自山西省宁武县管涔山的桑干河。两源流至河北省怀来县朱官屯村会合为永定河，流经河北省涿州市，天津市武清、北辰区，汇北运河从永定新河入海。纳北京市延庆区妫水河，南流至官厅，在门头沟区入北京界，至三家店出山经北京石景山、丰台、大兴、房山区，分为官厅山峡段、平原城市段、平原郊野段，流经北京门头沟、石景山、丰台、房山和大兴五个区。

### 5.1.2 存在的问题

永定河曾碧水环绕北京，但早前30余年逐渐干涸，风沙严重，令民众惋惜。源头植被被破坏，水量变少。我国连续出现20多个暖冬，导致降水量减少，而华北地区在这20年中，年降水量更是减少了10%～30%。城市发展，需水量增多。上游水库、水坝、水渠等"关卡"设置过多，中下游断流。永定河砂石采盗猖獗，致使河道内沟壑遍布，河床裸露，生态系统受到严重破坏。20 世纪 80 年代以来，永定河有限的水资源几乎全部用于北京西部工业建设，使部分河道断流、干涸。河床逐渐沙化，是北京境内的五大风沙源之一（图 5-1）。随着沿岸地区经济的发展，入河污水排入量逐年增多，污染河道，防洪堤坝受破坏等，永定河生态环境日趋恶劣（图 5-2），与城市化发展极不协调。

图 5-1 曾经断流的永定河是风沙的
主要源头

图 5-2 过度开发导致永定河干涸、
滩地荒芜，满目疮痍

### 5.1.3 生态治理方案及效果

按照"安全是主线、节水是理念、生态是效果"的新思路，政府主导、专家领衔、社会参与、统筹规划、科技攻关、综合治理，开放搞科研、开放搞规划、开放搞设计。面对挑战，一改过去"就河论河、工程治河"的做法，率先提出"流域规划、全面规划、系统规划"的新理念，按照"以流域为整体，河系为单元，山区保护，平原修复"的方针，在山区建设水源地保护、自然修复生态系统，平原区坚持"四治一蓄"（治砂坑、治污水、治垃圾、治违章、蓄雨洪），开展了《永定河生态构建与修复技术研究与示范》专题研究，制定了《永定河绿色生态走廊建设规划》，推动了《永定河绿色生态发展带综合规划》，编制了《永定河绿色生态发展带绿化景观方案》和《永定河生态走廊文化景观保护规划》，在治理中保护水文化，在开发中大力弘扬母亲河文化，全面构建永定河流域防洪安全保障体系、水生态保护体系、水资源配置三个体系，把永定河建成"有水的河、生态的河、安全的河"。

永定河绿色生态发展带建设分期实施，2010 年开始启动门城湖、莲石湖、园博湖、晓月湖、宛平湖和循环管线、园博湿地工程，简称"五湖一线一湿地"工程。在永定河 18.4km 干涸的河道上，建成了北京首个大型城市河道公园，贯穿门头沟、石景山、丰台三区，总面积 837hm²。利用河道内的砂石坑、垃圾坑，营造门城湖、莲石湖、晓月湖、宛平湖等五个湖面，形成水面面积 400hm²，蓄水 1000 万 m³。五湖景观各具特色。波光激滟的湖面，与溪流、湿地交相串联，远眺观望，宛若五颗璀璨的明珠，镶嵌在京西大地上。把永定河建设成为河道公园，河道空间实现共享，人能亲水，车能进河，水来人退，水退人还，处处展现人、水、绿共享与融合的美好画面，可同时接待 3 万～5 万市民在此望山、亲水、戏水、健身、游览、娱乐、休闲，建成的多项公共服务设施满足市民需求（图5-3）。

图5-3　治理后人水和谐的亲水景观

1. 河道公园十大亮点

（1）安全生态、里刚外美。创造性采用柔性网格结构的附着结构对既有防洪结构进行加固，以柔克刚，同时保证生态工程的安全。工程经受2012年"7·21"特大暴雨的考验，行洪标准达到5年一遇，河道行洪后安然无恙。

（2）以人为本、服务于民。主要的公共服务设施有：①无障碍多功能环湖路，贯穿门头沟、石景山、丰台三区，长度42km；②滨水自行车专用道，长度约10km，位于莲石湖，为休闲骑车健身一族提供安全、舒适的专属车道；③专用停车场，在阜石路、莲石路、园博路、京港澳高速路跨河桥下集中布置了4个大型停车场，沿河每隔1km左右设置下河的无障碍车行坡道，并在滩地分散布置林荫的、渗透型停车场，总停车位达到3000个，方便市民游览时停车；④综合运动场地，可以开展足球、篮球、网球、羽毛球、门球等运动；⑤公共洗手间，建设了几十座木屋厕所，服务半径500m，为市民休闲游览提供方便；⑥主景区设置体现各湖特色和文化内涵的观景平台，为游客登高望远、俯瞰各湖壮丽的景观提供最佳的观赏点；⑦大量安全的亲水设施，包括滨水步道、汀步、栈桥、码头、游船、亲水平台、戏水池等，让市民与水亲密接触，享受水汽甜美的熏陶。

（3）自然水形、曲曲有情。按照传统的理水手法，沿着既有的子槽布置"之玄如织，回环区引"的溪流，展现动感、曲折之美。沿着河道主流和既有的砂石坑布置湖泊，"深聚留恋，绕抱有情"，展现了宽广、静谧之美。有浅滩、深潭、浅水湾，为鱼类提供了各种生境需要——"客厅""产房""卧室"和"娱乐空间"。匠心独运的生态岛、生态坑、鸟巢是专门为野生动物、鸟类准备的居所。

（4）三向连通、渗透水岸。水体可以通过纵向、横向、竖向渗透，形成生态河道的生物循环链。通过营造适宜的水绿过渡空间，河道外与城市绿地融合，形成风景防护林带，形成3个循环系统，即地上地下水量与空气的循环生态系统、上下游河道溪流水生物循环系统、横向岸坡两栖生物循环系统。

（5）自然植被、回归自然。首次实现在这种贫瘠的土地中形成大面积绿化景观。上百种乡土花草混播形成不同季节、不同年份，有不同主题的野草组合、野花组合。水生植物也以大面积的单一品种为特色，体现湖区气势磅礴的大景观特色。沿河种植大量的垂柳、旱柳、馒头柳、粉枝柳、柽柳、扦插柳枝，表现永定河古道传统植物景观，体现出永定河的植柳文化。

（6）循环节水、高效利用。雨水利用，再生水回用，以水带绿，以绿净水，涵养水源，丰水多蓄，水少多绿，水退草丰，水绿相间。利用已有砂坑形成雨洪坑，使超过生态蓄水的雨洪水及时回补地下水。

（7）截污减污、保障水质。通过湿地处理、支流净化、补渗过滤、生物净化、跌水补氧、砾间氧化、水体循环等技术措施，保持水质稳定。

（8）亲水设计、保障安全。深浅分区、由浅入深、水草丰美、亲水安全。设计上巧妙地把深水区和浅水区分开，即形成"主河槽＋浅水湾"的蝶形断面形式，实现了人、植物、动物的和谐共生。

（9）低碳水利、环保节能。废物回收、就地利用、节水灌溉。河底既有的卵石、块石，部分拆除废弃的混凝土板，以及植物残枝、残叶等材料全部就地利用。木屋厕所为环保节能建筑，电力采用光伏发电。采用移动泵站和固定管网系统相结合的绿化节水灌溉模式，灌溉节水 30％。

（10）文化传承、浸暖人心。突显引水文化、防洪文化。留住治河记忆、浸入人心。注重对石卢灌渠渠首与沉砂池遗址、十八蹬古石堤遗址、卢沟桥减水坝遗址等水利遗址的挖掘与保护。门城湖主景区的设计体现永定河的出山口文化。莲石湖主景区的《金、元、明、清北京城水系图》体现北京城"因永定河而建、因水而兴"；为找寻 1700 年前的记忆，建设戾陵堰和车厢渠模型景观；为永定河的治水先人刘靖父子竖立雕像；复原石碾、石夯、石锤、打桩、厢埽等治河工具和技艺，更体现了历代劳动人民治水智慧的结晶。永定河综合治理工程从规划设计理念、技术理论支撑、工程布局、生态防护措施等方面提出并形成一套先进的河道治理模式，经济效益明显，处于国际领先地位。

2. 研发多项创新技术

（1）把干河变为有水河的以再生水为主的水资源高效调配和循环利用。

1）总结和分析永定河历史洪水过程，研究河道天然地形及水体交换方式，优选出以"外调再生水为主、雨水和地表水为辅"的生态用水方案，结合内部循环系统达到水资源高效利用的目标。工程通过采用 3 级自动化控制联调泵站，多达 17 种工况的设定，涵盖了设计河段夏季、冬季、近期、远期的复杂运行模式，成功解决了永定河常年干涸、了无生机的环境问题，确保水体达到流动性要求，为稳定水质提供必要条件。

2）通过调水并结合减渗、增渗布局设计，改变了径流的时空分布，使河川径流更趋于均匀，利于蓄水、保土、保水作用。水体在湖泊、溪流和湿地中先形成水景观，再以 5～20mm/d 渗入地下，补充地下水。

3）通过水形、地形设计和种植搭配，形成了丰水多蓄、水少多绿、水退草丰、适应自然的多元景观，无论枯水期还是丰水期均有优美景致。

（2）设计建设了亚洲最大的人工湿地水质保障系统。

1）成功设计了总面积 37.5hm² 、处理再生水 8 万 m³/d 或循环水 10 万 m³/d 的人工湿地，并通过景观设计形成北京园博会湿地展园。人工湿地采用复合垂直流湿地（29hm²）为主工艺、辅助水平流湿地和表流湿地，创新设计了分区均匀无动力布水系统、高效防堵湿地填料组配等。

园博湿地无论从潜流湿地面积、处理水量还是服务对象、景观利用等方面均处于国内前列。对微污染水中有机物（生化需氧量）去除率达 50% 以上，总氮和总磷污染物去除率达 60% 以上，出水水质好于Ⅲ类的目标要求。

2）成功设计了以浅水湾湿地、溪流湿地为主的面源污染防控系统。该系统在河道内设置河口湿地、浅水湾、生态沟渠、生态岛、促流道等，面积达 100hm²，放养 200t 的水生动物，两岸设置生态截留沟，达到河段间输水、初雨雨水截留、面源污染土地渗滤处理等多功能目标，使进入河道内的水体污染物大大削减，水质保持亲水的要求，并形成秀美的湿地型河流景观。

（3）利用三维勘测和设计，研发针对国内最大的河道垃圾回填坑就地复式处理技术。

1）针对整个工程区域的地形和地质勘探，采用三维激光扫描测绘技术和地质雷达技术，构筑精准的地面和地下耦合的三维模型。

2）蓄水区的不均匀地基处理决定本工程的成败。基于土方就地平衡、旧物就地高效利用的原则，采用三维设计模型，对面积达 500hm² 既有沟壑纵横、深浅不一的垃圾回填坑地基进行复式处理，就地利用的建筑垃圾达到 5000 万 m³，与弃除建筑垃圾相比，可降低投资 70%。地基处理的复合技术有分层换填、强夯、柱锤冲扩桩、土工格栅和水沉法等。

3）构筑地下水数值模拟模型，结合同位素测试技术，对既有垃圾回填坑的地基进行注水试验和运行监测，水体通过处理过的河床下渗后，地下水的水质满足安全标准。

（4）适应地基变形和可控制渗漏量的减渗结构设计及其防冲技术。

1）处理后的人工地基深浅不一，遇水后会发生不均匀沉降；基床的渗漏系数达到 1m/d 以上，渗透性极强。结合地下水数值模拟模型和 1:1 比例尺的现位试验，首次提出"减渗"理论，减少景观蓄水区的渗漏量，优化出减渗结构，包括地基处理、下垫层、减渗层本体、过渡层和抗冲保护层的设计，以控制人工地基的不均匀沉降。

2）研发了减渗复合人工土、复合黏土堵漏抢修材料。根据地下水回补和景观蓄水的需要，优化出面积达 400hm² 的减渗结构布置方案——深水区采用复合土工膜、浅水区采用纳基膨润土防水毯、水位变化区采用复合人工土、增渗采用现场透水材料，可控制综合下渗量 1.5～6.0m/a。

3）减渗结构层的保护采用石笼格、现场可利用大粒径卵石等柔性材料，防冲流速达到 3m/s，同时为地栖动物提供栖息空间，也为沉水植物提供生境，鱼潜水底，水草丰茂。

（5）研发应用在大型防洪河道上满足行洪要求和体现干湿交替特点的大面积植物配置技术。

1）研发了基于大面积种植河道的大流量、大比尺河床生态糙率物理模型及试验方法，并应用生态水力模拟技术，评估生态工程安全标准及防洪影响。首次提出满足防洪要求的河道种植的适宜防洪标准，即"3 草、5 灌、10 乔"种植模式——在 3 年洪水位以下以花卉、草本、水生植物为主，3～5 年洪水位以花灌木为主，5～10 年洪水位以小乔木为主，10 年洪水位以上点缀大乔木，很好地解决了防洪与植生之间的矛盾。

2）开展了全流域河流生态调查，试验筛选出适宜永定河的乡土植物 139 种，并与水流、土壤与生物多样性、景观效果综合对位。提出满足行洪要求和干湿交替特点的河床、浅水湾、滩地、堤脚、堤坡和堤顶滨河带的立体植物配置，种植面积达到 $500hm^2$。一河两岸生机勃勃，水鸟纷飞，百花争艳，雨水灌溉，维护低廉。

（6）强调河道三向连通的水形和结构布置。

1）纵向连通性。蜿蜒水形——利用地形，深浅有致，布置近自然的湖泊、溪流、沟渠、深潭、浅滩、岛屿，水形多样，连通流畅，景观连续，简洁明朗。"梯田式跌水"——化整为零，研发具有生态、景观、交通和亲水功能的"梯田式跌水"，流水潺潺，景观优美，改变传统水工建筑物"傻大黑粗"的形象。

2）横向连通性。蝶形断面——河道的横断面设计成带子槽的蝶形断面，水岸由浅入深，便于植物的自然成长和动物的爬行，中部设置深槽，为行洪主通道，两侧布置浅水湾，面积达 $100hm^2$，形成河流湿地，净化水体，也形成亲水的安全隔离区，为水生动物和两栖动物提供生境。生态护岸——大量采用自主研发的、兼顾施工期防冲和景观效果的 SG 生态砌块植生护岸、WE 渗滤砌块护岸、扦插柳枝护岸、砂砾料缓坡护岸等 10 余种可呼吸的护岸，建成柔美的岸线 72km，这些生态护岸抗冲流速 3～5m/s，滞洪补枯，里刚外柔，生机盎然。

3）竖向连通性——水域采用可控制下渗量 1.5～6.0m/a 的减渗措施，非蓄水区可自然下渗，道路全部采用透水铺装，每年可补给地下水 3000 万 $m^3$。

（7）保证防洪结构安全的里刚外柔的硬质堤防的生态修复。

1）首次在重点防洪河道上大面积进行硬质堤防的生态修复，堤防生态修复长度达 33km，创造性地利用柔性网格结构在既有硬质护砌上覆土植绿，使生物工程与既有刚性结构有机连接，隐蔽堤防，形成绿通、人通、气通的自然型大堤景观，实现"睡堤唤醒"。

2）在一河两堤的护脚设置防冲石笼和植草沟、堤坡种植固坡植物和设置植生雨淋沟、堤顶设置林荫景观大道，有效地组织、净化和利用雨水。

3）研发了在硬质堤防上设置 HCW 型蜂巢植生系统，配以野花固坡组合种子，首次实现"石头开花"。

（8）大面积面源污染控制及雨水调蓄和净化。

1）雨水利用塘。利用既有部分深坑预留蓄洪空间，面积达到 $200hm^2$，可蓄滞雨水 2000 万 $m^3$。汛前湖泊和溪流降低水位运行，利用预留库容蓄滞雨水，水满则溢，自上而下流动并补充地下水。雨水利用塘设计为干湿交替的生物景观塘。

2）水土保持。对堤顶客水、坡面和滩地的雨水，利用植草雨淋沟、植生排水沟，有组织地收集、渗滤、净化和利用，使"黄土不露天"，全面控制面源污染，项目区形成水文平衡的稳定的生态系统，建立了适合北方缺水型河流的生态评价指标体系。

3）野花地被组合。研发了 10 组包含 100 多物种野花地被配置和管养技术，固坡、固土、保水、防冲，节水灌溉，维护简便，形成"十里画廊、百顷花海"的景观效果。

（9）基于水的生态服务价值研究和评价确定生态修复标准。

1）基于河流生态修复多目标综合优化模型，分析了河流生态退化机理和生态服务价值的时空变换，研发了一套考虑水量、水质、生态和社会经济的大流域河流生态修复综合决策系统，确定永定河的生态修复标准。

2）本工程投资 21.8 亿元，核算水的生态服务价值增值 266 亿元——其中增加了包括水资源调蓄、水质净化、空气净化、气候调节、洪水调蓄的水生态调节服务价值每年 9.19 亿元，旅游娱乐、休闲增加价值为每年 14.68 亿元，带动周边房地产增值每年 129.60 亿元，沿河 GDP 年增值每年 112.36 亿元。

3）本工程的设计积极带动两岸环境建设，目前已经建成门城滨水公园、永定河休闲森林公园、园博园等 3 个主题公园，面积达到 567hm²，一河两岸共建成面积 1400hm² 的生态公园。

永定河的治理对服务沿河两岸经济发展、服务首都生态文明建设、建设宜居北京、提高市民的幸福指数提供了有力的支撑；同时可以带动永定河全流域的治理，逐渐实现"湿润永定河"的目标，对国内其他城市的河道综合治理也有借鉴意义。

按照计划，将陆续建设麻峪湿地公园、南大荒湿地公园、晓月水文化园、长兴生态园、永兴生态园、大兴机场临空区绿道和永定河南段 59km 的防洪生态带。未来几年，永定河北京段将建成长 170km、面积约 1500km² 的生态发展带；新增水面 1000hm²、绿化面积 9000hm²；实现"源于自然、融入自然、回归自然"的三段功能分区。建成后的永定河北京段将成为生态河道的示范区，林水相依的景观带，流域文化的展示廊，经济发展的新空间。

## 5.1.4　"五湖一线一湿地"工程

永定河绿色生态发展带建设分期实施，截至 2013 年建成门城湖、莲石湖、园博湖、晓月湖、宛平湖、循环管线和园博湿地工程，简称"五湖一线一湿地"工程。

"五湖一线一湿地"工程主要任务为治理河道 18.4km，总面积 836hm²，其中水面面积 399hm²、河滨带面积 352hm²，铺设 22km 循环管线，修建泵站 3 座，园博湿地 37.5hm²。依河而建了门城滨河公园、休闲森林公园和园博园共 3 个主题公园。

永定河的五湖景观各具特色。波光潋滟的湖面，被溪流、湿地串联在一起，像五颗璀璨的明珠，镶嵌在京西大地上。

### 1.　五湖

（1）门城湖。门城湖上承永定河出山口三家店水库，下接莲石湖，东倚石景山，西傍门头沟新城，河段长度 5.24km。景观主题：塑生命之源，扮秀水门城。门城湖工程于 2010 年 8 月动工，2011 年 9 月完工，投资 3.93 亿元；建成"直曲相融、开合有序、岛屿相间、流水有声"的景观长廊（图 5-4），面积 177.4hm²，其中水面 70.8hm²，绿化 92.6hm²，配套基础设施 14hm²，堤防生态修复 10.2km；形成"亲水乐园休闲、湖区健身运动、湿地观光教育"三大水景区。设景点 10 处，为"门城水恋""荷塘月色""栈道风情""银杏乐园""水韵码头""曲桥风荷""溪径流觞""湿地拾趣""生态运动""叠水映虹"。山水相依，繁花似锦，清灵鲜润，幽约绵长；对推动门头沟现代化生态新区建设，带动城市西部地区发展具有重要意义。

（2）莲石湖。莲石湖位于石景山麻峪至京原铁路桥，上接门城湖，下接园博湖，河段长度 5.8km，为历代引水之首选，京城防洪之要冲。

图 5-4 治理后的门城湖

莲石湖工程于 2010 年 8 月动工，2011 年 10 月完工，投资 4.67 亿元，建成烟波浩渺、清新爽朗、隽秀灵美的景观长廊（图 5-5），总面积为 230hm²，其中水面为 105hm²，绿化面积为 107hm²，配套基础设施面积为 18hm²，堤防生态修复 10km。设 1 个主景区和 8 个景点，主景区主要是通过"山、水、莲、石"四个元素传承永定河和石景山区的引水文化、防洪文化、治水文化。

图 5-5 治理后的莲石湖

景观主题：钟灵秀之气、郁万物之英。

景点如下：

"湿经花溆"——涵莲水之源，开秀美之始。

"云汉浩渺"——观云海绰绰，看水波连连。

"蒲香缠涓"——育浅滩绿蒲，赏湖光浩渺。

"绿桑暄妍"——融自然和谐，营水活湾绿。

"亘古空廊"——承先人之智，展治水之魂。

"伴渠引练"——伴渠水潺湲，养桃源闲情。

"望碧秀岛"——登鹰山俯望，赞永定复生。

"鹰山水影"——倚水畔平台，眺鹰山胜景。

（3）园博湖。园博湖位于永定河城市核心段，长度 4.2km，上接莲石湖，下接晓月湖，左临永定河休闲森林公园，右临园博园，占地 246hm²，是第九届中国国际园林博览会的拓展区。

设计主题：湖光塔影、翠映园博。

工程总面积 246hm²，其中水面面积 115hm²，绿化面积 122hm²，配套基础、服务设施 9hm²。设置联动溪流长 4.1km，博湖建成的园博湖具有开阔大气、错落有致、水绿交

融的景观特色（图 5-6），形成鱼潜深水、鸟栖浅滩、人走花间的生态和谐环境，分为 3
大景区。

图 5-6　治理后的园博湖

北景区——"山水相依"。西有鹰山毗邻，河床平顺开阔，乡土地被丰富，溪流水系
雅致，湖光塔影交融。

主景区——"龙腾盛世"。园博湖主景区湖区水面宽阔，堤脚林荫路 9.8km，环湖亲
水路 7.1km，休闲道路 6.9km，间隔 150～200m 设休憩平台。设置入口坡道 17 处，林荫
停车位 700 个，综合运动场地 8 处，公共洗手间 14 处，亲水平台 27 处，码头 1 座。工程
于 2011 年 11 月动工，2013 年 4 月竣工，投资 3.26 亿元。建设特点：废坑利用、雨洪渗
蓄、自然生态、生物固坡、地景艺术、人水相亲。水形曲折自然，坡面龙鳞闪耀，翠映园
博盛会。

南景区——"幽谷观澜"。谷底深聚留恋，岸线蜿蜒顺畅，地被景观壮美，水绿绕抱
有情，人水相亲乐园。

图 5-7　治理后的晓月湖

（4）晓月湖。晓月湖为永定河自卢沟桥
分洪枢纽工程上游 450m 为起点，至卢沟新
桥为终点的河段，以卢沟桥为核心，此段河
道有燕京八景"卢沟晓月"之名，因此命名
"晓月湖"。晓月湖总面积 72hm²，其中水面
面积 56.8hm²，绿化面积 10.3hm²，配套基
础设施面积 4.9hm²，堤防生态修复 3.5km。
由卢沟桥分洪枢纽工程、铁路桥、卢沟桥、
橡胶坝将其分成 3 区，各区各具特色，其景
观格局分为湖光山色、曲径通幽、卢沟晓月
（图 5-7）。

湖光山色：晓月湖Ⅰ区湖面宽度 430m，长度 450m，围合而成城市湖泊景观。借助右
岸缓坡和湖心的皱峻营造一个度夏休憩的平台。闲来斜卧阳光下，呼吸着湿润的空气，躲
开城市的喧嚣，不必远行，就可享受水乡的旖旎风光。

曲径通幽：晓月湖Ⅱ区湖面在卢沟桥分洪枢纽下游锐减为宽度 250m，区段长度

650m，与下游以跌水自然连接。在两岸高堤下，曲折的水上通廊，水岸边婆婆的芦苇、菖蒲，与岛上柳荫桃影交相呼应。

卢沟晓月：晓月湖Ⅲ区为燕京八景"卢沟晓月"的所在，这里坐落着有着八百多年历史的名桥"卢沟桥"，经历了血雨腥风的宛平城。借助接近水平面的码头、栈桥以突出湖面的开阔。岸边方亭寓意"离情难舍"，设置"打尖"的客栈，纪念昔日"行人使客，往来络绎，疏星晓月，曙景苍然"的繁华。在岸边设置种植台，遮挡干硬的护砌，恢复河道的生机，重现了一副生机盎然的"卢沟晓月"。

工程投资 1.8 亿元，2010 年 9 月开工建设，2011 年 12 月竣工。

（5）宛平湖。宛平湖上承卢沟桥橡胶坝，下终燕化管架桥，东倚绿堤公园，西傍大宁湖，长度 1.31km。

景观主题：故河焕生机、绿堤伴水远。

宛平湖工程于 2010 年 7 月动工，2011 年 10 月完工，投资 1.3 亿元，建成纯朴、爽朗、幽雅、诗意的景观长廊（图 5-8），总面积为 73.7hm²，其中水面面积为 51.6hm²，绿化面积为 19.9hm²，配套基础设施为 2.2hm²，堤防生态修复 2.8km。

图 5-8 治理后的宛平湖

设景点 8 处："平湖秋月""悠情垂钓""曲桥风荷""香漫石汀""吟月码头""双亭览翠""叠水映虹""碧漪恋岛"，给游人带来"像呼吸那么自然"的美好感受，再现"名桥、古城、皓月、碧水"的历史风貌，对推动丰台永定河生态文化新区建设，带动城市西部地区发展具有重要意义。

2. 循环管线工程

先期实施的"五湖一线"工程主要利用高品质再生水作为河道环境的补给水源，提出"多水联调、众水汇潴、丰水多蓄、水少多绿、水退草丰、水绿相间"的设计和管理理念。本着可利用水资源的循环节约使用，充分利用清河再生水厂的再生水作为永定河的主要环境水源，在再生水入河前建设水源净化工程，进一步提升再生水的品质，满足水功能区划明确的Ⅲ类水质指标，通过监测系统的实时监控、反馈，进而通过循环管线的调度控制水体的流向和流速，满足各段水域所需的水量和水质要求。以"五湖"的总体布置和水量调配需求为基础，将永定河三家店—燕化管架桥段 18.4km 长的河道分成三个循环系统，每个系统末端设置泵站，将水从下游提升至上游，再经过溪流和湖泊自流到下游形成循环水，目的在于保证河道内水为流动状态，保持水质。

（1）永定河循环管线工程（图 5-9）实现四大功能。

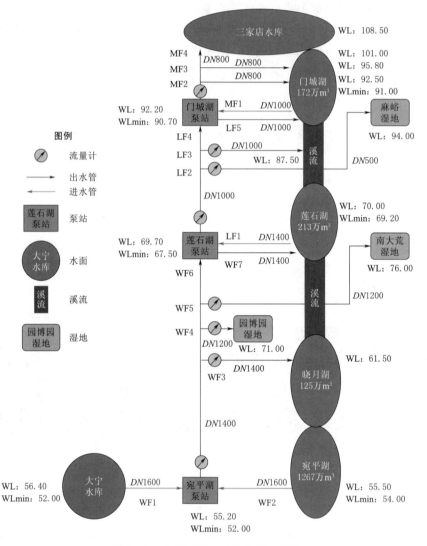

图 5-9　永定河循环管线系统示意图

1）三套系统单独或串联运行，将经湿地处理的再生水在河道内循环，满足水质要求。循环规模 4 万～15 万 $m^3/d$，每年 5—10 月运行。

2）三套系统联合调水，将大宁水库清洁水调至三家店水库，调水规模 4 万 $m^3/d$，每年 11 月—次年 4 月运行。

3）作为湿地备用水源，在清河再生水规模不足情况下采用河道水补充。

4）利用现状滞洪水库供水管线由三家店库区向五湖供清洁水。

（2）永定河循环管线工程规模。管道总长度 20.6km，3 座泵站总功率 1515kW。

（3）工程等别。Ⅲ等，主要建筑物级别 3 级。

（4）防洪标准。泵站 30 年一遇设计，河底管道 20 年一遇设计，穿堤管道 100 年一遇设计。

（5）管道参数。宛平湖 $DN1400$ 主管长 7.8km，$DN1200$ 支管长 0.9km。莲石湖 $DN1000$ 主管长 7.3km，$DN500$ 支管长 0.3km。门城湖 $DN800$ 主管长 3.2km。滞洪水库 $DN1000$ 供水管线改造长度 1.1km。

（6）泵站参数。宛平湖泵站水泵 4 台，单泵流量 $Q=0.44\text{m}^3/\text{s}$，扬程 $H=25\text{m}$，前池设计水位 55.20m，最低水位 52.00m。莲石湖泵站水泵 3 台，单泵流量 $Q=0.31\text{m}^3/\text{s}$，扬程 $H=35\text{m}$，前池设计水位 69.70m，最低水位 67.50m。门城湖泵站水泵 2 台，单泵流量 $Q=0.23\text{m}^3/\text{s}$，扬程 $H=23\text{m}$，前池设计水位 92.20m，最低水位 90.70m。

（7）工程特点。

1）三级调水：远期规划与近期实施相结合。

2）一线多用：夏季循环与冬季补水相结合。

3）循环理念：实现水资源循环利用。

4）生态效果：净化河道内水体。

5）景观效果：形成流动的水景观。

6）灵活控制：3 套系统可单独循环，也可整体循环。

**3. 园博湿地**

园博湿地——永定河园博园水源净化工程，位于第九届中国国际园林博览会展园东南角，永定河园博湖右岸，是利用最深达 23m 的砂石垃圾回填坑为场址，以再生水净化为核心功能，采用复合垂直流为主要工艺的复合型人工湿地生态公园，是规划建设的永定河 5 大再生水水源净化湿地之一，也是目前亚洲最大的潜流型人工湿地（图 5-10）。

（1）工程定位。河湖净化之肾——永定河再生水源深度净化厂，水生动植物家园——再现完善的湿地生态系统，野外科普基地——传播生态文明知识，华北最美的人工湿地——人工湿地生态展园。

图 5-10　治理后的园博湿地

（2）设计主题。取自然之材，还自然之色。

（3）建设思路。废坑高效利用、地基复式处理、环保材料应用、水体自然净化、雨水调蓄利用、生态景观再现。

（4）水质目标。将近Ⅳ类再生水净化为Ⅲ类地表水（总氮除外），注入永定河园博湖、晓月湖、宛平湖和园博园，并通过循环管线进入湿地再净化以维护水质。

（5）建设规模。人工湿地设计净水能力 10 万 $\text{m}^3/\text{d}$，总占地面积约 37.5hm²，其中复合填料床人工湿地 28.1hm²，表流湿地约 1.3hm²，服务道路 2.1hm²，科普教育、休闲娱乐用地 0.7hm²，景观绿化 5.3hm²。人工湿地划分为 6 区 29 单元。设置管理服务、科普教育展区 1 处，景观木栈道 2.1km，观景桥 9 座，观景塔 1 座，休憩、科普廊亭 21 座；种植特色乔灌木及地被 30 余种、水生植物 30 余种；放养底栖动物 2 种，放养鱼类 10 余种。工程于 2011 年 10 月动工，2013 年 5 月竣工，投资 3 亿元。整个湿地俯瞰如船帆，远观似梯田，近看是花海，清水在水草中流淌，路桥在百花中盘亘，高低起伏、动静结合、曲直相融。园区布置有 7 个主要景点，分别如下：

1）方池听水：游人和水源的主入口。在方池之上观水色、听水声，观察再生水、循环湖水的源水状态。

2）赤足探水：湿地内娱乐园。深入湿地内部，与花草为伍，与清水为伴的嬉戏水世界，初探湿地之美。

3）花堰分水：湿地总布水池。将进水化整为零，分入单元处理，单元出水汇零为整，完成湿地净化过程，可了解湿地水处理流程。

4）栈桥闻水：湿地内景观游道。沿线花鸟虫鱼水，尽显湿地之美，可了解湿地水生生态系统的构成，学习水生生物知识。

5）高楼观水：湿地内观景塔。俯瞰湿地百花争艳，树影婆娑，流光溢彩，芦花飘荡，水鸟纷飞，深入了解湿地水处理原理。

6）汀步戏水：表流湿地观景桥。与清水为伴，与花草为伍，与游鱼为邻，体验湿地净水之奥妙，感受自然力量之神奇。

7）斗池集水：表流湿地出水口。汇集自然净化之水，送归永定河，可了解湿地净水的去处，感受水是生命之源的神圣。

## 5.2 开县调节库消落区生态治理

### 5.2.1 工程概况

**1. 地理位置**

开县行政隶属重庆市，地处重庆市东北部，北依大巴山，南近长江，距重庆市区约 330km，县域位于东经 107°55′48″~108°54′00″、北纬 30°49′30″~31°30′00″之间。开县东与巫溪、云阳两县接壤，南与万州区天城毗邻，西与四川省开江、宣汉两县交界，北与城口县相连，海拔为 134.0~2626.0m。

**2. 开县消落区概况**

在三峡工程建设过程中，开县受淹土地共 46.37km²，涉及 14 个乡镇 11 万人，是库区受淹面积最大的县。三峡工程建成后，三峡水库正常蓄水位 173.22m，枯期最低水位 143.22m，受枢纽工程运行影响，在高程 143.22~173.22m 之间，目前为陆地的库周沿岸，形成与天然河流涨落季节规律相反、涨落水位差高达 30m 的水库消落区。消落区夏季出露为陆、秋季由陆域迅速向水域转变、冬季全部成为水域、春季由水域渐次转变为陆域。

开县范围内消落区面积 42.78km²，是三峡库区消落区面积最大且集中分布的县，占全库区消落区总面积的 12.3%，占重庆库区的 13.97%，主要集中分布于人口稠密的开县新城周围的河谷平坝区，连片面积达 24km²。为减小县城段消落区深度，开县 2007 年 6 月在澎溪河乌杨桥处正式开工建设开县水位调节坝工程，调节坝（图 5-11）工程建成后，使库内水位长期稳定在168.50m以上，最大消落水深由30m减少至5m左右，坝址以上消落区面积由24km²缩小至9.52km²。同时，通过开县新县城建设，可进一步缩小消落区范围，根据开县新城总体规划，消落区面积可进一步减少至5.20km²，大幅度减少了消落区面积和水位消落变幅的高度。

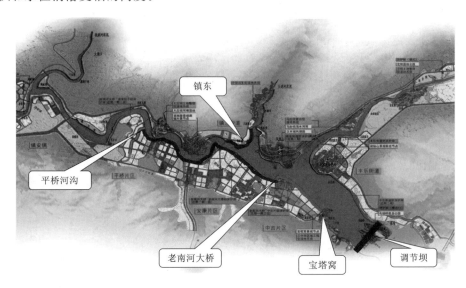

图5-11　调节坝位置

3. 生态调节库运行方式

每年的2—5月为挡水期，6—9月为蓄水期，10月—次年1月与三峡同步运行。

在三峡水库水位低于168.50m时，调节库内水位按正常蓄水位168.50m运行，当三峡水库水位不低于168.50m时，调节库内水位保持与三峡水库水位同步运行。

4. 堤防护岸迎水面区域划分

根据水位及受淹的不同，堤防护岸迎水面可以划分为以下部分：

（1）水下区。水下区是指江河、湖泊、水库等水体常年水位淹没以下区域，基本不出露。

（2）消落区。消落区是指随江河、湖泊、水库等水体季节性涨落被周期性淹没和出露而形成的干湿交替地带。

（3）水上区。水上区是指位于堤防护岸设计（校核）标准高程以上区域，常年出露，不受水位影响。

## 5.2.2　消落区主要问题

1. 生态系统退化、生物多样性降低

三峡水库形成后，消落区复杂多样的陆地生境转变为结构和功能较为单一的干湿交替生境，由于消落区水位长期周期性地上涨和回落，表层土壤基质均为淤积土或裸露基岩，植被覆盖度大幅度下降，生态系统食物网趋于简单化，生态系统抵抗外力干扰的能力降低，易发生波动，区域生态系统将呈现严重的退化趋势（图5-12）。

图 5-12　区域生态系统退化、景观资源减少

**2. 景观资源减少，结构退化**

三峡水库和开县生态调节库正式运行后，消落区将形成 60 天左右蓄水淹没，300 天烈日暴晒的局面。消落区冬水夏陆，成陆期植被稀少，地表裸露，局部区域淤泥堆积，如果不进行建设处理，呈现似"荒漠化"景观，景观组分简化、结构缺损、异质性降低，景观质量下降。

**3. 存在流行性疾病暴发隐患**

（1）上游径流入库后，由山溪性河道急流转变为湖泊缓流，水体自净能力和稀释能力下降，径流挟带的污染物滞留在库内，在消落区附近形成污染带，易孳生病菌、寄生虫和蚊蝇等，从而可能诱发疫情。

（2）6—9 月为三峡电站防洪限制水位运行期，消落区大面积出露，在烈日的烘烤、暴晒下，有诱发传染病、瘟疫的可能。

（3）旧县城搬迁区内可能遗存污染源点，包括污沟、医院、垃圾转运站、公厕等，这些残留在库内的污染物如处理不当将可能出现多种流行性疾病发生和蔓延情况。

**4. 库区水污染问题**

开县生态调节库坝址上游大量生活污染与农田污染通过径流汇入调节坝库内，库周还存在一定的工业污染源，消落带有部分旧县城残留污染物。在半年暴晒半年淹没的情况下，第一年沉没在消落区的污染物又将成为第二年水质污染源，如此年复一年，对库区水环境形成较大的污染隐患（图 5-13）。

图 5-13　库区水污染

**5. 影响城镇及库岸安全稳定**

三峡水库蓄水后，随着水位的上升，对环库开县新城等城镇防洪安全提出了新的要求。开县消落区主要为平坝区，土壤构成以泥土和细砂为主。每年经过半年左右浸泡，土壤疏松，含水量增大，土壤固结力降低，在汛期极易被洪水冲走，造成土壤侵蚀，加速库岸失稳。另外，在蓄水和水位消落过程中，受水位变化影响，环库库岸可能会出现一系列的环境地质问题，像滑坡、危岩、库岸失稳等，影响水库的正常运行，对开县人民的安居乐业和各项基础设施建设带来不利影响（图 5-14）。

6. 土地资源损失

三峡水库蓄水后，原来具有良好生产能力的农用地、建设用地等将被淹没，消落区内土地虽然每年有部分时间出露，但由于周期性受淹，大幅度降低了土地的功能。开县是三峡库区土地损失情况较为严重的县之一（图5-15）。

图5-14 城镇及库岸存在安全隐患　　　图5-15 消落区内土地损失严重

## 5.2.3 生态治理方案

### 5.2.3.1 解决思路

为解决消落区出现的生态问题，改善消落区的环境状况，重点通过湿地重构、防洪、水质保持与改善、库岸防护、土地整理、生态景观等工程建设，实现开县消落区的综合保护和建设，同时对库周的城镇建设和开发提出控制性规划要求。消落区综合治理思路如下：

（1）采取生态修复措施对消落区退化生态系统进行修复和重建，实现区域生态环境协调、稳定的可持续发展。

（2）采取工程措施和政策措施，提高环库城镇防洪减灾能力，固结库岸，保护水源，防治污染，改善水质，创建清洁的库区环境。

（3）采取生态景观工程措施，恢复和建设库区特色景观，改善区域人居环境，为发展库区生态旅游产业创造条件。

### 5.2.3.2 解决方案

治理措施共分为四大项，分别为消落区综合治理与保护、库区城镇防洪、库区环境综合整治、库区生态景观建设。

消落区综合治理与保护以消落区生态修复为核心，结合库区城镇防洪、环境综合整治和生态景观建设达到生态保护的目的，主要包括生态湿地建设、环库防护林构建等内容。

库区城镇防洪包括开县规划主城区、竹溪组团、白鹤组团、丰乐街道办事处、镇东街道办事处和镇安镇等重要城镇的防洪工程建设。

库区环境综合整治主要包括库区水污染防治和环境卫生及传染病预防两部分内容。

库区生态景观建设包括自然景观和历史文化景观两个方面的保护与建设。在消落区综合治理的基础上，结合周边景观资源，恢复和打造库区生态景观；对现有自然条件较好、风景优美的区块，如迎仙山、凤凰山、盛山十二景等加强保护，同时结合新县城和库区的形成，合理规划建设一批新的景观区，如新城滨水公园、生态湿地公园等。

消落区治理模式为：除城镇部分消落区结合防洪堤建设采用生态堤防治理外，其他消落区的治理模式主要采用湿地治理模式、防护林治理模式和自然修复治理模式三种。

对开发利用类消落区，由于消落区坡度平缓、面积大，以湿地治理模式为主，并根据消落区具体情况辅以防护林治理模式。对保护建设类消落区，消落区分布在新城区附近，坡度陡，主要结合生态堤防建设进行治理。对限制治理类消落区，以防护林治理模式为主。对自然修复类消落区，采用自然修复治理模式。

**1. 新城防洪护岸工程**

新城防洪护岸工程（图 5-16）将在乌杨桥生态调节坝治理成果的基础上，既要实现新城区的城市防洪要求，同时将通过其他综合技术手段，以提高 168.50～173.22m 之间的消落区生态系统的稳定性和多样性。

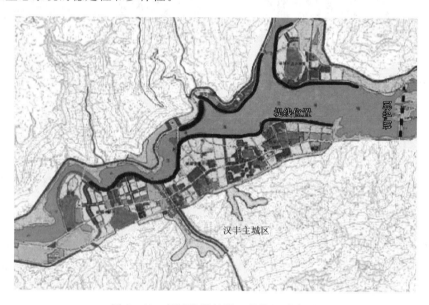

图 5-16 新城防洪护岸工程位置示意图

（1）设计原则。开县堤防工程以城市规划岸线和自然岸线为基础，结合河流的防洪治理目标和生态景观要求，开展生态工程技术的研究，实现功能保护目标，维护河流的生态健康。为提高河流形态的空间异质性，生态堤防设计时，同时考虑了纵向（堤线）、横向（横断面形态）两个维度。

1）纵向堤线布置。

a. 尊重河流自然走势，充分利用新城区土方回填形成的河线雏形，保持河流的自然风貌，尽量减少土地占用和拆迁工程量，对不合理河段作适当的河线理顺。

b. 沿江岸线布置以满足防洪为目标，尽可能避开村镇及工矿企业，降低政策处理赔偿。

c. 河线方案在满足河道功能和稳定安全的前提下，尽可能为区域的综合发展提供有利的环境空间。

d. 充分利用淹没形成的浅滩格局，为营造水域湿地景观和农业产业园区创造条件。

2）横向断面布置。

a. 护岸结构同时体现防洪和生态景观功能，在满足安全稳定的前提下，降低工程造价。

b. 尽量避免结构型式的刚性硬质化，强化护岸形式的视觉"柔和感观"，为实现总体规划的景观效果创建条件。

c. 尽量选择多孔、透气的结构构筑物，为生物提供生长繁育空间。

d. 尽可能采用天然材料，避免二次环境污染。

e. 通过水文分析，准确界定水位变幅消落区域。

f. 根据植物调查研究成果，合理配置植物群落。

g. 体现人与自然的和谐关系，充分考虑人们活动的亲水需求。

（2）堤防护坡结构形态。依据开县库区岸线规划，新城区的堤防建设将兼顾城镇防洪减灾和生态景观功能，实现城区近远期防洪标准为 50 年一遇、工程措施防洪标准 20 年一遇的防洪要求，以及库区沿线的生活岸线、生态绿地岸线和旅游综合利用岸线的生态景观目标。将根据岸坡的不同高程位置分别分析堤防护坡的结构形态。

1）平桥河沟—老南河大桥段。设计堤顶高程 180.50m，根据水位，将堤防迎水坡面分为三个区域：171.00m 以下水下区；171.00～173.22m 水位消落区；173.22m 以上出露区。并在 171.00m、174.00m 设两级亲水游步道。

a. 171.00m 以下（水下区）典型结构型式。设计以满足工程稳定安全为主，根据地形、地质条件不同，采用三种典型结构型式。

（a）埋石混凝土挡墙。墙顶高程 171.00m，基础坐落于基岩上或经过换填压实的砂砾石地基上。

（b）抛石护脚。抛石顶宽 7m，坡度 1∶2.0，内侧设 1.5m×1m 混凝土脚槽＋3.5m 宽喷塑钢丝石笼，抛石顶高程至 171.00m 设 0.25（0.2）m 厚预制混凝土块护坡，下设 0.2m 厚碎石垫层＋反滤土工布，护坡横向每 10m 设 0.4m×0.4m 圈梁，每 20m 设置一道结构缝；坡面纵向设 3～4 道圈梁。

（c）C25 埋石混凝土基座。对局域地形较高段，一般在常水位以上采用混凝土基座。基座顶宽 2m，高 2m，外侧抛石防冲，坡面设计同上。

b. 171.00～173.22m 水位消落区：为本工程设计的重点，护坡设计需在满足工程安全的前提下，注重生态绿化，打造开县滨水景观带。

2）老南河大桥—宝塔窝。设计堤顶高程 175.50m，在 171.00m、174.20m 设一级亲水游步道。

（3）堤防护坡结构形态。依据开县库区岸线规划，新城区的堤防建设将兼顾城镇防洪减灾和生态景观功能，实现城区近远期防洪标准为 50 年一遇、工程措施防洪标准 20 年一遇的防洪要求，以及库区沿线的生活岸线、生态绿地岸线和旅游综合利用岸线的生态景观目标。下面将根据岸坡的不同高程位置分别分析堤防护坡结构形态。

1）168.50m 高程以下。在水位调节坝运行后，库水位 168.50m 以下将成为经常性淹没区。该区既要考虑河床底质的多孔隙性和透水性，同时需要满足坡表抗冲刷及堤体的结构稳定要求，设计护坡材料时，主要采用具有高强度、耐冲刷的石材及混凝土砌块（中间

圆形镂空的六棱形结构）。堤岸结构组成及设计参数：堤脚采用抛石护脚，抛石高程
164.00～166.00m（以保证有一定厚度的抛石为准，并根据需要构造错落有致的异质空间
效果）；抛石顶宽7m，其外侧坡度约1：2.0；在抛石靠近堤坡的3.5～5m范围内，采用
喷塑钢丝石笼以增加堤脚临近区抛石体的整体性；堤脚处设置1.5m×1.0m浆砌块石脚
槽；脚槽顶高程至171.00m高程范围，在对坡面进行1：2.5坡比修整碾压后，其表面铺
设反滤土工布，上方设置"0.4m厚碎石垫层＋0.25m厚预制混凝土块"护坡，护坡每
20m设置一道结构缝；在171.00m设5m宽亲水平台（图5-17）。

（a）堤脚抛石结构　　　　　　　　　　　　　　（b）堤坡

图5-17　171.00m高程以下照片

堤脚抛石与石笼结构整体稳定，大粒径底质能起到促淤作用，形成的小浅滩有利于水
深生物栖息和繁衍；工程采用的混凝土砌块不仅能起到抗冲、护岸作用，砌块镂空设计有
利于坡内外水体交换，在水位骤降期还有助于坡内排水作用。

2）168.50～173.22m消落区。173.22m高程为三峡水库正常蓄水位，受水位调节坝
和三峡水库枢纽的运行影响，开县新城河道将在168.50～173.22m范围内形成消落区。
因消落区水位变动作用，堤身及护坡设计在结构稳定和渗透稳定的基础上，采用对水位骤
降敏感性相对较小的"混凝土框格梁＋绿化混凝土植草＋狗牙根"护面（图5-18），在高
水位消落影响下，能很好地发挥生态护坡效果。堤岸结构组成及设计参数为：171.00～
173.80m高程间的坡面以1：2坡比修整碾压密实后，表面铺设反滤土工布，其上浇筑

图5-18　168.50～173.22m高程消落区照片（经历过2011年水位涨消后）

2m×2m 混凝土框格梁，框格梁内浇筑 18cm 厚的绿化混凝土，以狗牙根为坡面绿化植被；174.00m 高程设置约 5m 宽平台（具体宽度结合景观需要）。

3）173.22m 高程以上。高水位 173.22m 以上受水库水位影响较小，该范围结合景观格局，按植被型生态护坡方式进行设计，坡比依据地形取 1∶2.5～1∶4.0 不等（图 5-19）。

图 5-19 173.22m 高程以上照片

（4）171～173.8m 坡面植物绿化设计。植物物种选配以保证 5—9 月低水位时旺盛生长，10 月—次年 1 月水库高水位运行时自然休眠或水下存活，2—5 月之间水位变动时能够稳定出芽繁衍为宜。

以乡土树种为主，常绿植物与落叶植物相结合，利用乔、灌、草的多层次组合。间隔种植狗牙根、香根草、李氏禾、芦苇，形成错落有致的景观层次。

2. 湿地治理模式

湿地治理模式分为复合型湿地系统、沼生型湿地系统、多塘型湿地系统、工程型湿地系统、土地整理型湿地系统。

（1）复合型湿地系统。复合型湿地系统的特点是利用区域内各种生态因子的梯级变化，各类植（动）物相应占有或利用与其生物习性相适应的部分，包括水分、能量、空间、土壤等生态因子，构建相对稳定的生物群落和生态系统。

该类型湿地适用于地势平坦、宽度较大、坡度在 10°以下且高程 168.50～173.22m 之间地形平顺无突变的缓坡平坝型消落区，从低到高分别构建沉水植物区、浮叶沉水植物区、挺水植物区和乔灌植物区（图 5-20），形成植物种类丰富、类型多样的生态系统，其生物群落包括水生植物群落、陆生植物群落以及从水生群落向陆生群落逐渐演变的水陆交替群落。

（2）沼生型湿地系统。沼生型湿地系统的特点是在地势相对较高的区域内，自然形成或人工促成大面积的沼泽化湿地，植物群落主要为浮叶沉水植物和沉水植物，在部分高程较高区域也配置挺水植物和湿生乔灌木（图 5-21），随着区域的缓慢淤积和高程上升，也有演变为林泽和灌木沼泽的可能。

该湿地生态系统适用于地势平缓、宽度较大、坡度在 10°以下，并以 170.00～172.00m 之间某一高程为主的缓坡平坝区域消落区，该类消落区高程 168.50～169.00m 之间地形较陡，由土埂将消落区划分为不同区块。

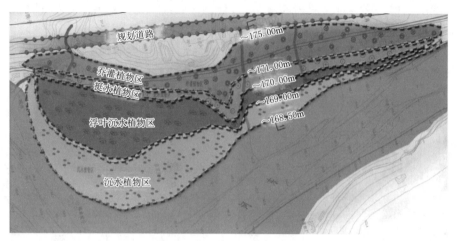

（a）复合型湿地植物群落纵向分布

（b）复合型湿地植物群落横向分布

图 5-20　复合型湿地植物群落分布

图 5-21　沼生型湿地系统

（3）多塘型湿地系统。多塘型湿地系统的特点是在一定宽度的起伏地形条件下，自然形成或人工促成较大面积的塘类湿地。其湿地系统主要由挺水植物群落构成，充分利用莲藕、芦苇对水分、空间、能量等生态因子的不同要求，占有相应的资源，并形成优势种群。

该湿地生态系统适用于宽度较大、整体坡度在 10°以下但地势有较大起伏的缓坡型消落区，该类消落区内存在自然的土埂将消落区划分为不同区块，各区块内地势有一定起伏但高程变化不大，根据地形条件构建芦苇荡和莲藕塘湿地系统，同时在高程 173.22～175.00m 之间构建乔灌植物区（图 5-22）。

（4）工程型湿地系统。工程型湿地系统采用生物浮床技术，以浮床作为载体，将水生植物或改良的陆生植物种植到水体水面，通过植物根部的吸收、吸附作用，削减水体中的

图 5-22  多塘型湿地系统（单位：m）

氮、磷等有机物质，抑制水生藻类的大量生长，达到净化水质的效果，同时起到美化环境的景观效果。

工程型湿地系统（图 5-23）主要配合城镇污水处理厂，设置在排污口附近，在水面构建生物浮床，并在库岸构建乔灌植物区。

图 5-23  工程型湿地系统

生物浮床采用柔性连接，当消落区水位变动时，浮床整体随水位升降而上下浮动，浮床可选择聚苯烯等板材，植物选择美人蕉、香蒲、灯芯草、水芹菜等。

（5）土地整理型湿地系统。在东河、南河两侧地势较高（一般在171.00m以上）的平坝区域局部分布有面积大、分布集中的成片耕地，由于地势较高，淹没时间较短，大部分时间出露。为了有效保护和利用此类耕地，在不影响三峡水库防洪库容的前提下，采用"外挖内填"的方式进行土地整理（图 5-24）。

图 5-24  土地整理型湿地系统

3. 防护林治理模式

环库防护林建设考虑构建该地区地带性、稳定的森林群落，植物种类选择以乡土树种为主，形成既符合自然规律，且能突出地方特色的防护林体系，同时增加群落多样性、物种多样性和森林景观多样性。

4. 自然修复治理模式

自然修复治理模式主要适用于坡度大于25°的消落区、岩质消落区和库尾砂砾质河滩地消落区，该类消落区土层薄，有机质含量低，不适宜林草生长，出露或淹没对环境影响较小，生态系统较稳定，治理方式以生态系统自我修复为主，限制各类生产开发活动，不采取人工干预措施。

## 5.2.4 治理效果

开县生态调节库生态保护与建设规划实施后，湿地工程有效治理消落区1.51km²，防护林工程有效治理消落区0.85km²，生态堤防工程有效治理消落区1.06km²，自然修复消落区1.77km²，规划范围内消落区的生态环境可得到较为彻底的治理和改善。

工程建成后防洪护岸保证城市安全见图5-25，多塘型湿地系统见图5-26。

图5-25 防洪护岸保证城市安全

图5-26 多塘型湿地系统实景

# 5.3 海盐鱼鳞海塘水利风景区规划

浙江鱼鳞海塘水利风景区位于浙江嘉兴市海盐县。海盐县因"海滨广斥，盐田相望"而得名。地处北纬 30°21′～30°28′、东经 120°43′～121°02′，东瀕杭州湾，西南邻海宁市，北连平湖市和秀洲区，扼钱塘江河口，是浙江最早建县的城市之一。这里北距上海 118km，南离省会杭州 98km，境内主要公路有 01 省道东西大道、盐湖公路、海王公路，公路、水路网络交织，四通八达，十分便利。

浙江鱼鳞海塘水利风景区内有展现古海塘科技文化、塘工造海塘等地方文化特色的海塘文化公园；有展现海盐盐田文化、水运文化、与海潮和倭寇抗争的海塘文化等融入历史文化特色的海滨公园；有绿树成荫，林草覆盖率高，融入了生态河道治理理念的白洋河；有明代水利科学家黄光升首创的鱼鳞石塘和高大雄伟的现代海塘；有历经沧桑岁月的靖海门，有看海、听海的潮音阁；有集游览观光、休闲娱乐、文化展示、旅游购物于一体的绮园 4A 级旅游景区；有高山流水遇知音的凄婉动人的传说故事；有中国明代四大声腔之一的"海盐腔"、具有江南韵味的地方神曲"海盐文书"、国家级非物质文化遗产"海盐滚灯"、流传于神州大地千百年的海盐劳动文化精华"塘工号子"、以虎文化为代表的海盐地方文化品牌"老虎嗒蝴蝶"、集海盐地方佛、道两教文化为一体的舞蹈"五梅花"等民间民俗文化。周边更是集聚着国家 4A 级旅游景区南北湖风景名胜区和山水六旗乐园。

海盐县经过多年持续建设，知名度和影响力不断扩大，为争创国家水利风景区奠定了良好的基础。海盐县第十五届人民代表大会第一次会议工作报告指出，过去五年里，县获评全国创建生态文明标杆县、中国最佳绿色发展县，成功创建国家卫生县城、省级示范文明县城、省级森林城市，通过国家生态县考核验收；并提出未来五年要坚持"文旅兴县"战略，积极打造全域旅游示范区。县人民政府办公室关于印发《海盐县大力推进全域旅游发展的实施意见》（盐政办发〔2017〕77 号）中指出，以加强旅游产品和服务精准供给为突破点，不断完善旅游基础设施和公共服务体系，坚持把旅游业作为拉动三次产业发展、推进产业融合的龙头，注重将旅游元素融入城乡建设，着力构建"各行各业＋旅游"的发展格局，不断美化城乡自然生态环境，优化社会人文环境，逐步实现县域景区化、城乡一体化、产业融合化，促进旅游业转型升级、提质增效，将本县打造成为长三角有影响力的"休闲度假胜地"。2017 年 8 月，中国地名文化遗产保护促进会确认海盐县为中国地名文化遗产千年古县，并在 8 月白洋河绿道被评为 15 条城镇型"浙江最美绿道"。

为了进一步提升鱼鳞海塘水利风景区发展水平，将全面推进生态水利、民生水利、旅游水利建设，实施最严格的水资源管理制度，响应海盐县大力推进五水共治与转型发展的号召，以"三优海盐"为引领，以挖掘本土特色资源禀赋为依托，以景区品质提升为抓手，以打造"长三角地区集海景、科技、人文于一体的观光休闲养生胜地"为目标，进一步凸显鱼鳞海塘水利风景区的水利特色。

浙江鱼鳞海塘水利风景区位于海盐县武原街道东部，东至海塘文化公园（含）以北、东段围涂以南鱼鳞海塘外水域70m，南至南台头干河南隅的海塘文化公园，西至绮园路，北至盐北路，规划面积3.30km²，其中水域面积0.46km²。根据《浙江省水利风景区建设发展规划（2016—2025）》，它属于城市河湖型水利风景区。

根据《水利风景区规划编制导则》(SL 471—2010)、《水利风景区评价标准》(SL 300—2013)、《浙江省水利风景区建设发展规划》和《海盐县水利风景区建设发展规划》等相关文件要求，以国家水利风景区为目标导向，系统规划、突出重点、完善配套，特编制《浙江海盐鱼鳞海塘水利风景区总体规划》。

### 5.3.1　规划总则

#### 5.3.1.1　规划背景、范围和期限

1. 规划背景

水利风景区是以水域（水体）或水利工程为依托，具有一定规模和质量的风景资源与环境条件，可以开展观光、娱乐、休闲、度假或科学、文化、教育活动的区域。水利风景区以水资源为基础，由于水生态、水文化、水景观和水产业等的自身特性，水利风景区与一般景区有一定的差异，水利风景区必须在维护水工程安全与水资源可持续发展的前提下，才能进行适度的旅游开发。

党的十八大提出必须树立尊重自然、顺应自然、保护自然的生态文明理念，把生态文明建设放在突出地位，融入经济建设、政治建设、文化建设、社会建设各方面和全过程，努力建设美丽中国。党的十八届三中全会提出紧紧围绕建设美丽中国，深化生态文明体制改革，加快建立生态文明制度。党的十九大报告指出加快生态文明体制改革，建设美丽中国。浙江省第十四次党代会提出大花园建设。

水利部印发《关于加快推进水生态文明建设工作的意见》（水资源〔2013〕1号）（以下简称《意见》）。该《意见》充分认识加快推进水生态文明建设的重要意义，明确提出全面贯彻党的十八大关于生态文明建设战略部署，把生态文明理念融入水资源开发、利用、治理、配置、节约、保护的各方面和水利规划、建设、管理的各环节，以落实最严格水资源管理制度为核心，通过优化水资源配置、加强水资源节约保护、实施水生态综合治理、加强制度建设等措施，大力推进水生态文明建设，完善水生态保护格局，实现水资源可持续利用，提高生态文明水平。2013年8月13日，浙江省水利厅印发《关于推进水生态文明建设工作的意见》（浙水保〔2013〕63号）和《浙江省水利厅关于开展水生态文明建设试点的通知》（浙水保〔2013〕64号）。2014年嘉兴市水利部列入全国第二批水生态文明城市建设试点。水利风景区建设是水生态文明建设的重要内容，水生态文明建设将对水利风景区建设起到重大推进作用。

海盐县人民政府办公室印发的《海盐县大力推进全域旅游发展的实施意见》（盐政办发〔2017〕77号）中指出，坚持把旅游业作为拉动三次产业发展、推进产业融合的龙头，注重将旅游元素融入城乡建设，着力构建"各行各业＋旅游"的发展格局，不断美化城乡自然生态环境，优化社会人文环境，逐步实现县域景区化、城乡一体化、产业融合化，促进旅游业转型升级、提质增效，将海盐县打造成为长三角有影响力的休闲度假胜地。

浙江鱼鳞海塘水利风景区依托良好的自然资源禀赋和具有悠久历史的文化名镇，以发展水利旅游产业，从而实现水资源、水安全、水环境的统筹管理，丰富水利建设的多元内涵作为抓手，拓宽水利的社会服务功能，推进水生态文明和美丽乡村建设。

2. 规划范围

项目位于浙江省海盐县武原街道东部，东至海塘文化公园（含）以北、东段围涂至南鱼鳞海塘外水域 70m，南至南台头干河南隅的海塘文化公园，西至绮园路，北至盐北路，规划面积 3.30km²，其中水域面积 0.46km²。项目规划范围见图 5-27。根据《浙江省水利风景区建设发展规划（2016—2025）》，鱼鳞海塘水利风景区属于城市河湖型水利风景区。

图 5-27 项目所在范围图

3. 规划期限

本次规划基准年为 2016 年。规划期限衔接了《浙江省水利风景区建设发展规划》，所以规划期限 2017—2025 年。具体分两个阶段：规划近期：2017—2020 年；规划远期：2021—2025 年。

### 5.3.1.2 规划依据

规划依据见表 5-1。

| 表 5 - 1 | 规 划 依 据 | |
|---|---|---|

| 国家法律法规、条例 | 地 方 法 规 |
|---|---|
| (1)《中华人民共和国水法》（2016 年修正）<br>(2)《中华人民共和国防洪法》（2016 年修正）<br>(3)《中华人民共和国环境保护法》（2015）<br>(4)《中华人民共和国水土保持法》（2011）<br>(5)《中华人民共和国河道管理条例》（2017 修正） | (1)《浙江省水污染防治条例》（2013）<br>(2)《浙江省水利工程安全管理条例》（2014 年修正）<br>(3)《浙江省风景名胜区管理条例》（2014 年修正）<br>(4)《浙江省河道管理条例》（2011）<br>(5)《浙江省水土保持条例》（2014）<br>(6)《浙江省钱塘江管理条例》（2017 年修正） |
| **国家标准与规范、水利部文件** | **相关规划成果与技术资料** |
| (1)《水利风景区评价标准》（SL 300—2013）<br>(2)《旅游资源分类、调查与评价标准》（GB/T 18972—2003）<br>(3)《水利风景区规划编制导则》（SL 471—2010）<br>(4)《旅游规划通则》（GB/T 18971—2003）<br>(5)《地表水环境质量标准》（GB 3838—2002）<br>(6)《环境空气质量标准》（GB 3095—1996）<br>(7)《风景名胜区规划规范》（GB 50298—1999）<br>(8)《水利风景区管理办法》（2004）<br>(9)《水利部关于进一步做好水利风景区工作的若干意见》（水综合〔2013〕455 号） | (1)《海盐县旅游业发展总体规划（2012—2020）》<br>(2)《海盐县水利风景区建设发展规划（2016—2020）》<br>(3)《海盐县水利发展"十三五"规划（2016—2020）》<br>(4)《海盐县水土保持规划（2006—2020）》<br>(5)《海盐县水系规划（2013—2020）》<br>(6)《海盐县武原街道水系规划（2013—2020）》<br>(7)《海盐县区域（武原片区）防洪排涝规划》<br>(8)《嘉兴旅游资源分类、调查与评价（海盐县报告 2004 年）》<br>(9)《海盐县志》<br>(10)《海盐县水利志》<br>(11)《2017 海盐统计年鉴》<br>(12)《浙江省水利风景区建设发展规划（2016—2025）》 |

#### 5.3.1.3　规划指导思想

规划深入贯彻党的十八大、十八届三中全会和党的十九大关于生态文明建设的决议，习近平总书记关于保障水安全的重要讲话，国务院、省政府关于最严格水资源管理制度，水利部、浙江省水利厅关于水生态文明建设要求，浙江省委"两富""两美"现代化浙江建设与"五水共治"的战略部署。

以水生态文明理念为引领，以人为本，统筹人与自然和谐相处，科学、合理地利用水利风景资源，坚持"建一片景区、保一方生态、富一方百姓"的理念。倡导生态治水理念，改善人居环境，深度挖掘鱼鳞海塘水利风景区的风景资源、产业资源和文化资源。努力提升其文化品位，创造水利旅游亮点，增强其吸引力和市场竞争力，推动水利、旅游、环境等产业的融合发展，实现鱼鳞海塘水利风景区健康、持续、快速发展。

#### 5.3.1.4　规划原则

1. 以人为本、人水和谐

从人类文明进程的高度审视人与自然的关系，从资源水利、环境水利、生态水利、文化水利、民生水利的视角构建海盐县鱼鳞海塘水利风景区的发展格局，把水利工程建设成既发挥有形功能，又发挥生态、环境、人文等无形功能的工程，进而规范水利发展行为和社会涉水行为。尊重自然，营造水景观，弘扬水文化，优化水资源配置，实现人与自然的和谐共处。

2. 突出特色、提升品位

深度提炼水利风景区的科学价值，将生态治水思想、生态水利工程等生态水利文化相融合，突出重点、体现地域特色，有序开发，树立江南滨海城市水利工程的生态治水样板。重点突出海盐当地具有悠久历史的海塘科技文化，满足当地群众和外来游客的休闲旅游和文化熏陶的需要。全面整合海盐水利风景资源，将各景点串联，进一步完善景区功能配套，整合优势资源，做大景区空间，做强产业，增强区域协调发展能力。普及水文化，弘扬水利精神，全面提升水利风景区的形象和社会影响力。

3. 资源保护与适度开发

风景区内保护对象和目标是自然景观和人文景观及其所依托的物质环境，包括水利工程设施特别是鱼鳞石塘的保护、水资源保护、植物群落的保护、历史人文景观的保护等。在有效保护的基础上进行适度开发，坚持"重保护，慎开发；先规划，后开发"的原则。应注重景区建设的前期调研、论证工作，充分认识风景资源的价值和潜力，进行开发利用条件的周密分析和评估，制定具体的保护措施和条例。实现资源的有效开发，达到可持续利用。

4. 助推"三优海盐"建设，持续创新治水理念

当前经济进入"新常态"，为着力推进经济转型升级，海盐县提出产业优质、环境优美、生活优雅的江南水乡典范"三优海盐"建设。当前，海盐县局部地区水生态退化、水资源短缺等问题，已成为建设更高水平小康社会和实现基本现代化的制约瓶颈。"十三五"期间，水利要主动适应经济发展"新常态"，创新资源环境约束机制，把节水作为落实最严格水资源管理制度和倒逼经济转型升级"组合拳"的重要手段；顺应"互联网＋"和大数据发展趋势，促进信息技术和传统水利的高度融合，重塑水利管理新形态；加快推进水生态文明试点建设，努力将河湖水域打造成特色风情小镇、乡村生态旅游的新亮点，恢复江南水乡风貌。

5. 保障水安全、传承治水精神

应十分重视涵闸、泵站等水利工程设施的安全运行，充分发挥其原有和预期的工程效能；在水利风景区建设与运营过程中，应确保白洋河、南台头干河的防洪安全。

围绕先人和塘工为了抵御潮水造海塘以及现代海塘，传承海盐人民顽强不屈、勇于创新、精雕细琢、自强不息的治水精神。

### 5.3.1.5 与相关规划衔接

与相关规划衔接情况见表 5-2。

表 5-2　　　　　　　　　　　　与相关规划衔接情况表

| 规划名称 | 规划衔接 |
| --- | --- |
| 《浙江省水利风景区建设发展规划（2016—2025）》 | 该规划的近期水平年是 2016—2020 年，远期水平年是 2021—2025 年。至 2025 年末嘉兴市海盐县完成国家水利风景区两个，其中一个是鱼鳞海塘水利风景区，是城市河湖型水利风景区 |
| 《海盐县水利发展"十三五"规划（2016—2020）》 | 该规划关于古荡河流域治理城东片区，涉及风景区内河道治理，投资估算 2 亿元 |

| 规 划 名 称 | 规 划 衔 接 |
|---|---|
| 《海盐县旅游业发展总体规划<br>（2012—2020）》 | 该规划以打造"长三角地区集湖光、山色、海景、科技、人文于一体的观光休闲养生胜地"为目标；客源市场空间定位的基础市场包括嘉兴市域其他县级城市、通过杭州湾跨海大桥与海盐相连的杭州湾南岸的县级城市，如慈溪、余姚、上虞；核心市场，包括上海、浙江、江苏等三个省（直辖市）的主要大中城市 |
| 《海盐县水利风景区建设发展规划<br>（2016—2020）》 | 该规划提出鱼鳞海塘水利风景区即以鱼鳞海塘和现代海塘为载体，以县境内文化为点缀，结合海塘周边公园，打造集休闲、旅游、科普以及水文化挖掘和保护的综合性水利风景区。风景区内水利景观主要有白洋河生态湿地长廊、南台头干河、鱼鳞石塘、南台头科普观光、南台头闸（泵）站和海塘文化公园等 |

### 5.3.2　景区资源调查与分析

#### 5.3.2.1　景区概况

1. 自然条件

（1）区位条件。武原街道位于海盐县东部，属平原地形，土壤肥沃、气候宜人、交通区位条件优越。01 省道、盐湖公路、六平申航道贯穿全境，杭浦高速公路、海盐接口、跨海大桥接口紧邻镇域，区位分析见图 5 - 28，西距省会城市杭州 80km，东离上海90km，南隔杭州湾与宁波相望，是全县政治、经济、文化中心。鱼鳞海塘水利风景区位于武原街道东部，区位交通条件十分优越。

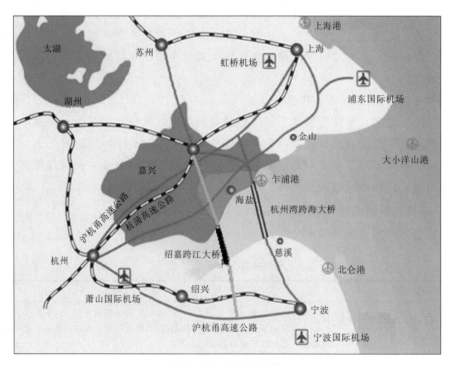

图 5 - 28　区位分析图

（2）地质地貌。海盐县武原街道为县政府驻地，位于县境东部。东濒杭州湾，南接秦山镇、通元镇，西连沈荡镇、于城镇，北邻西塘桥镇，属杭嘉湖平原水网地区，东部沿海地势稍高于西部平原，平均海拔 3.1m。武原街道地势较高，以海相沉积母质为主。鱼鳞海塘水利风景区地形多起伏变化，河道、林地、桥梁（图 5-29）、水岸坡道、海塘（图 5-30）与周边房屋建筑等错落有致，构成丰富的立体空间。

图 5-29　景区内桥梁　　　　　　　　　　图 5-30　景区内海塘

（3）气象水文。

1）气象。海盐地处北亚热带南缘，是典型的东亚季风气候。冬、夏季风交替明显，四季分明，日照充足、热量丰富、降水充沛、气候温和湿润，有霜期短。夏季温热多雨，但有伏旱出现。夏、秋季节，台风活动频繁，带来暴雨，易出现洪涝。

2）温度。县内历年平均气温 16.3℃，极端最高气温 38.9℃（1988 年 7 月 16 日），极端最低气温-10.8℃（1977 年 1 月 31 日）。

3）降水。降水充沛，年平均降水量 1286.3mm，年最多降水量 1689.3mm（1954年），年最少降水量 827.4mm（1978 年）。

4）日照。年平均日照时数 1825.3h，年平均无霜期 240 天，初霜期 11 月 18 日，终霜期 4 月 14 日。

5）风向风速。年平均风速 2.7m/s，冬季以西北风为主，其他季节都盛行偏东风。

6）水位。2014 年，浙江省人民政府防汛防旱指挥部发文核定，警戒水位 1.46m（黄海高程），保证水位 1.96m（黄海高程），钱塘江警戒水位 5.10m（黄海高程）。海盐县内河根据于城水位；潮位依据澉浦潮位站。中华人民共和国成立后，县内实测最高水位 4.88m（1963 年 9 月 13 日），实测最低水位 1.51m（1967 年 8 月 31 日），水位的变化幅度为 3.37m。多年日平均水位 2.74m，多年汛期日平均水位 2.85m。

7）自然灾害。海盐县属中低纬度地带的灾害高发地区，自然灾害种类多，频率高，经济损失严重。1971—2000 年的 30 年中，梅汛水位不低于 3.7m 的就有 19 年，且有加重趋势，受台风影响就有 10 次。台风洪涝灾害造成经济损失尤为严重，2005 年第 9 号台风（麦莎）造成灾害损失达 1.79 亿元。2013 年强台风"菲特"造成灾害损失 18 亿元。

（4）土壤与生物。海盐东部沿海一带地势较高，以海相沉积母质为主，主要土壤类型为涂沙土、夜潮土、黄松田、粉泥田。植物资源类型包括森林沼泽型、草丛沼泽型、漂浮植物型、浮叶植物型、沉水植物型 5 种。其中香樟属国家二级重点保护野生植物。芦草、白莲等观赏性植物在风景区绿色盎然的环境里点缀出别样风情，突显了别致景色。河中水草丰茂，拥有鲫鱼、草鱼、青鱼等多种淡水鱼类。岸边湿地水鸟品种多样，拥有白鹭、池鹭、牛背鹭、树麻雀、金腰燕等国家三级保护动物。

（5）生态环境。2012 年起，政府痛下决心关停搬迁白洋河周边区域内污染企业，通过截流清淤、水生态修复、水系沟通、护岸整坡等系列工作，花大力气整治水环境，依水建造湿地公园。改造剩余白洋河段生态环境，加快推进滨海新城核心区湖区景观配套建设，打造滨海湿地生态休闲长廊。白洋河成了珍稀水禽、鱼类的栖息地，为鸟类、鱼类提供丰富的食物和良好的生存繁衍空间，通过湿地植物的种植净化了白洋河水质，增加了白洋河的灌溉及排水功能，增加了两岸土壤的稳定性，为市民游客提供了绿色生态长廊。海盐县环保局于 2015 年 10 月对风景区内的白洋河水质进行了一次检测。根据《地表水环境质量标准》（GB 3838—2002）要求，实测白洋河水质为Ⅲ类。水体呈浅绿色，透明度较高，具有良好的水体交换条件，水质清新无污染。盛产鱼虾，周边湿地动植物种类丰富。白洋河湿地公园建设中，以保持低洼地形、保护原有植被、保留生态河道为原则，丰富的乡土树种及湿地植物融入整个环境中，使水土保持与主体工程融为一体。2015 年，海盐县编制了《海盐县区域（武原片区）防洪排涝工程水土保持方案》，水土保持综合治理率达到 95% 以上。鱼鳞海塘水利风景区风景秀丽，湿地风光迷人，水草丰茂、植被茂盛、绿树成荫，林草覆盖率高，目前生态环境质量优良（图 5-31）。

图 5-31    景区内湿地风光

（6）土地利用。风景区内土地利用类型包括鱼塘、绿地与广场、居住用地、旅游度假用地、商业服务业设施用地、公共管理与公共服务设施用地等。

鱼鳞海塘水利风景区充分利用县城滨海岸线，区域北部主要以娱乐、度假用地为主，中部以绿地与广场、旅游度假用地、商业服务业设施用地、公共管理与公共服务设施用地为主，南部以旅游度假用地、公共管理与公共服务设施用地为主。为提升风景区土地利用价值，完善风景区水利旅游功能，结合规划主题，本规划拟在风景区内鱼塘、绿地与广场、居住用地、旅游度假用地、商业服务业设施用地、公共管理与公共服务设施用地等建设多项水利旅游项目、设施。

2.人文历史

海盐县因"海滨广斥，盐田相望"而得名。其城区武原街道历史悠久，源远流长，始建于唐开元五年（717年），是一座有着近1300年历史的江南古镇。武原人杰地灵，名贤辈出，有着浓厚的文化底蕴。在近代养育了我国商务印书馆创始人张元济、民族实业家张幼仪、中国儿童连环漫画的开创者张乐平（图5-32）等大批能人志士；有全国重点文物保护单位绮园（清代）（图5-33），省级文物保护单位千佛阁（图5-34）、（明代）鱼鳞石塘（明代）和县级文物保护单位镇海塔（元代）（图5-35）、高坟遗址（良渚文化）、尚胥庙戏台（清代）等；有历经沧桑岁月的靖海门，有看海、听海的潮音阁，有高山流水遇知音的凄婉动人的传说故事。民间民俗文化主要包括中国明代四大声腔之一的"海盐腔"；具有江南韵味的地方神曲"海盐书文"；国家级非物质文化遗产"海盐滚灯"；流传于神州大地千百年的海盐劳动文化精华"塘工号子"；以虎文化为代表的海盐地方文化品牌"老虎嗒蝴蝶"；集海盐地方佛、道两教文化为一体的舞蹈"五梅花"。

图5-32 张乐平纪念馆

图5-33 绮园

图5-34 千佛阁

图5-35 镇海塔

3.社会条件

（1）政区沿革。海盐县是崧泽文化发祥地之一，距今5000多年前县境就有先民从事农牧渔猎活动。秦王政二十五年（公元前 222 年）置县，因"海滨广斥，盐田相望"而得名。建县以来，海盐曾四徙县治，六析其境，秦末县治陷为湖（柘湖），迁至武原乡（今平湖市东门外）。东汉永建（126—131 年）中，县治又陷为湖（当湖），南迁至齐景乡山旁。建安五年至八年（200—203 年）析海盐西南境、由拳南境置海昌县（今海宁市）。晋咸康七年（341 年）县治迁至马嗥城。南朝梁天监六年（507 年），析县东北境置前京县。梁中大通六年（534 年）至大同元年（535 年），再析县东北境置胥浦县。唐开元五年（717 年），迁县治于今地。天宝十年（751 年），割海盐北境、嘉兴东境、昆山南境置华亭县。元元贞元年（1295 年）升为海盐州。明洪武二年（1369 年）复降为县。宣德五年（1430 年），析武原、齐景、华亭、大易 4 个乡置平湖县。1949 年 5 月 7 日，海盐解放。1950 年 5 月，狮岭乡 3 个行政村划属海宁县，平湖县 10 个行政村划属海盐县。1958 年 11 月 21 日，撤销海盐县建制，区域并入海宁县，其中西塘桥、海塘、元通 3 个乡划归平湖县。1961 年 12 月 15 日，复置海盐县，辖 2 个镇 16 个公社，狮岭乡仍属海宁县。1983 年，撤销公社建乡。1985 年 8 月，澉浦、通元、西塘桥撤乡建镇。随着经济发展，又有于城、百步、秦山撤乡建镇。1999 年，调整乡镇行政区划，辖 9 个镇 3 个乡。2001 年 10 月，乡镇行政区划再次调整优化，辖武原、沈荡、澉浦、秦山、通元、西塘桥、于城、百步 8 个镇。武原街道始建于唐开元五年（717 年），2010 年经省、市人民政府批复，海盐县对部分镇行政区划进行调整，撤销武原镇，设立武原街道（图 5 - 36）。

图 5 - 36　武原街道紧邻杭州湾

（2）政区划分与人口。位于海盐县东部的武原街道东西直线距离约 4km，南北直线距离约 3.7km，土地面积 86km²。辖 4 个街道办事处，13 个居民委员会，3 个农业行政村（32 个村民组、32 个自然村）。2016 年末有 45864 户，户籍人口 126947 人。常住人口44.28 万人，暂住人口一年以上有 87580 人、一个月以上有 130537 人。

4. 经济发展

武原街道处于长三角经济区最发达的沪宁、沪杭经济走廊之间，经济较为发达，发展潜力巨大。2016 年全街道生产总值 113.01 亿元，比上年增长 7.6%，三次产业结构 2.05：24.67：86.29，第三产业在总产值的比重占据优势，成为武原街道经济发展的主导力量。目前，随着滨海地块的不断开发，未来城市中心将逐步东移，其滨海新区将承载行政办公、商业金融、文化娱乐、体育、游憩、居住，以及核电总部经济、培训、研发等多项功能。

5. 水资源条件

武原街道范围内河道河浜共有 388 条，共长 220.15km，河道 59 条，总长 133.25km，河网密度约每平方千米有河长 2.56km，现状水面积率 5.89%。其中市级河道 1 条，共计 4.17km，占总长的 1.89%；县级河道 8 条，长度 50.58km，占总长的 22.98%；镇级河道 21 条，共计 48.12km，占总长的 21.86%；村级河道 29 条，长度 30.38km，占总长的 13.80%；河浜 329 条，长度 86.90km，占总长的 39.47%。河道纵横交错，支流密布，脉脉相连。景区内的白洋河是海盐县的母亲河，具有向周边地区提供农业灌溉用水、航运、旅游、观光、渔业等多种功能。风景区有丰富的河道水系，紧靠大海，对于净化环境空气，调节城市微气候有积极的意义。《海盐县武原街道水系规划（2013—2020）》总体目标是构建安全、生态、人水和谐的水系，使各级河道堤防、桥闸均能满足防洪排涝要求。

### 5.3.2.2 景区资源评价

鱼鳞海塘水利风景区包括白洋河生态湿地长廊、南台头干河和鱼鳞石塘、海塘等。依照《水利风景区规划编制导则》（SL 471—2010）对水利风景区的六大分类，鱼鳞海塘水利风景区属于城市河湖型水利风景区。按照《水利风景区评价标准》（SL 300—2013），本资源调查评价报告内容将从风景资源、开发利用条件、环境保护和管理四大方面，对鱼鳞海塘水利风景区资源进行综合评价与分析。

1. 水文景观

武原街道位于海盐县东部，东濒杭州湾，属杭嘉湖平原水网地区。盐嘉塘、盐平塘、武通港、团结港、白洋河等汇流境内，支流密布，形成河网互通的水系网络。风景区内有河道、湿地两种主要水文景象，包括白洋河、南台头干河、白洋河湿地等（表 5-3），白洋河、南台头干河是作为区域性的代表河道，是海盐县的骨干河道之一。鱼鳞海塘水利风景区作为典型江南水乡代表，水体资源丰富、水质纯净达标、水生态环境良好、水文资源观赏性强。

表 5-3　　　　　　　　　鱼鳞海塘水利风景区水文景观资源汇总表

| 序号 | 亚类 | 资源单体名称 | 基本类型 | 资源等级 |
|---|---|---|---|---|
| 1 | 河段 | 白洋河 | 观赏游憩河段 | 三级 |
| 2 | 河段 | 南台头干河 | 观赏游憩河段 | 二级 |
| 3 | 天然湖泊与池沼 | 白洋河湿地 | 沼泽与湿地 | 二级 |

（1）白洋河。白洋河北起西塘桥街道方家埭，南至秦山街道长川坝，全长 24.18km，河宽 20m 左右。白洋河是海盐的主干河道，与杭州湾水域相通。自古以来，海盐就依赖白洋河获取灌溉、水运、排涝等便利。在海盐历史上的海塘建设过程中，通过白洋河运输了大量的石料，历史上有运盐之利。有了水运之利，澉浦与外界的文化交流、商贸往来更加频繁。史载："人多秀雅，富文风，科第且连绵起，风气一变，利不独在田畴矣。"白洋河滋润了河两岸的大量农田，不仅如此，由于白洋河地处海边，当海潮侵袭时，白洋河还充当了蓄水池的作用，保护了河流西侧大片土地免受海潮影响。白洋河水质达到Ⅲ类水

平，生物具有多样性，是海盐的城市"后花园"。白洋河具有连续的步行空间、饱满的绿色空间、丰富的水陆空间、特色的节点空间、浓郁的远古文化空间，是一个环境优美、生物丰富、可观可游的生态河道（图5-37）。

图5-37　白洋河

（2）南台头干河。南台头干河位于武原街道，东西走向，东起南台头闸，西接盐嘉塘（海盐塘），是海盐县境内的南排通道，泄洪经由此河排入杭州湾，河面宽阔，是海盐县境内南排的主干通道，全长4.17km，河宽82m左右，具有行洪、排涝、供水、航运、景观功能。南台头干河穿越县城，区位优越，开发利用程度高。干河上有南台头闸，南面紧邻海塘文化公园，背面紧靠观海园，沿岸配有绿地公园，不远处有众安桥，可以远眺电视塔，风光旖旎，吸引了不少人群在此流连。

（3）白洋河湿地。白洋河湿地分四期建设，一期、二期和三期连成一线对外开放，四期正在建设之中。其中一期南起朝阳东路，北至城北路，长约1112m，总面积为9万m²；二期南起城北路，北至庆丰路，长约800m，总面积约4.25万m²；三期南起庆丰路，北至海兴路，长约800m，总面积10.23万m²。公园内植被茂盛、绿树成荫，有华盛顿棕榈、狐尾椰、香樟、银杏等。通过保护睡莲、再力花、菖蒲等耐水性植物，培育湿地生物多样性，品种丰富的植物形成了一个优美的绿地生态系统（图5-38）。生态湿地在净化水体环境、调节区域局部小气候和保护风景区生态环境等方面发挥着不可替代的作用。

图5-38　白洋河湿地

**2. 地文景观**

风景区内河道属运河水系，地貌单元属东部滨海平原，地质构造典型度高。风景区所属的武原街道在县境东部沿海一带，地势较高，以海相沉积母质为主，主要土壤类型为涂沙土、夜潮土、黄松田、粉泥土。地势从东边海塘向西渐低，地面坦荡，田连阡陌，塘外有大片滩涂。河网纵横，有利于水利工程建设。风景区内地形起伏有致，河道、湿地、堤岸、海塘、桥闸、绿化小品、生态廊道与周边建筑高低错落，构成丰富多元的立体空间（图5-39）。俯瞰风景的靖海门、错落分布的滨海新城、观潮听潮音的潮音阁、三层错位的生态堤岸、蜿蜒曲折的弓形海岸、剪影别致的三眼桥梁、亲水休闲的木栈道，将风景区的地文景观刻画得异常丰富、色彩润泽、相互映衬、生态和谐，辉映出一幅江南水乡的动人水墨画。

图5-39 风景区内丰富多元的立体空间

**3. 天象景观**

风景区地处北亚热带南缘，属典型的东亚季风气候，气候温和湿润，日照充足，雨量充沛，常年适合观光、旅游、休闲、度假。境内冬、夏季风交替明显，四季分明。冬季以西北风为主，其他季节都盛行偏东风。风速有一定日变化，偏东风在傍晚到上半夜为大，而西北风则在午后到下午较大。海陆风交替比较明显，即白天吹"陆"风（陆地吹向海洋），夜间吹"海"风（海洋吹向陆地）。近30年影响境内的台风（热带风暴）年平均1.1次，主要集中在7—9月，多数出现在8月，持续时间一般1~2天。降水年际变化明显，以春、夏两季为多，占全年的2/3。风景区内梅雨、圆月、冬雪、斜阳等自然天象与绿色的河流、静谧的古镇、古朴的建筑相互衬托，共同营造出天人合一、万物共生的和谐之感，令风景区在不同时节、不同气象中变换勾勒出别样的韵味。鱼鳞海塘水利风景区天象景观资源汇总见表5-4。

表5-4 鱼鳞海塘水利风景区天象景观资源汇总表

| 序号 | 亚 类 | 资源单体名称 | 基本类型 | 资源等级 |
|---|---|---|---|---|
| 1 | 天气与气候现象 | 江南梅雨 | 云雾多发区 | 一级 |
| 2 | 光现象 | 日出美景 | 日月星辰观察地 | 二级 |
| 3 | 光现象 | 海塘暮色 | 日月星辰观察地 | 二级 |
| 4 | 天气与气候现象 | 景区冬雪 | 物候景观 | 一级 |
| 5 | 河口与海面 | 海塘观潮 | 涌潮现象 | 二级 |

（1）江南梅雨。江南 6 月进入梅雨，风景区有雨最佳。江南的梅雨，淅淅沥沥地下着，下得娇柔而缠绵，多情而纤细，持久而含蓄，绵绵的雨丝轻柔地滴在水面上，泛起一圈圈的涟漪。石桥、堤岸、古建筑皆因雨水浸润而质感丰富。趁着春江水暖、烟雨朦胧之际，带着诗情画意来到海塘，探幽访古，欣赏辽阔的大海，听潮音、观海潮，享受梅雨季节里独有的韵味，捕捉时隐时现的生活灵感。风景区内雨景见图 5 - 40。

图 5 - 40　风景区内雨景

（2）日出美景。清晨这里的海平线和天空融合在一起，可堪为水天相连，太阳刚出时确实极为壮美。太阳离开海平面，缓缓地向上移动，太阳四周围绕着金色的光环，东边的天际一片灿烂。雄伟坚固的高标准海塘、日出倒影（图 5 - 41）、黄光升托日（图 5 - 42）和平静的海面勾画出风景区内一幅迷人的海上日出的天象景观。

图 5 - 41　日出倒影　　　　　　　　　　图 5 - 42　黄光升托日

（3）海塘暮色。夏天傍晚时分，沿着海塘纳凉散步，海浪轻轻地拍打着海塘，微风带着咸咸的海的气息扑面而来，天空云霞、海面上灿烂的金光、浩渺连天的大海、嬉戏在如丝缎般金色的波光上的海鸥（图 5 - 43）、海边的日落瑜伽（图 5 - 44）与喻为"捍海长城"的海塘，构成一幅和谐美丽的画卷，使游客尽享看海、听海的无穷乐趣。

图 5-43 嬉戏在波光上的海鸥

图 5-44 海边的日落瑜伽

（4）景区冬雪。雪花轻盈地落在水面上、草丛里、树枝上、砖瓦缝和海堤上，雪后的风景区点点银装，如层层白玉。凛冽的河水，雪白的海堤（图 5-45），在白色雪景的映衬下，冬季植物更加绿色盎然，古建筑更加卓然挺立（图 5-46），使海塘越发韵味十足。

图 5-45 雪白的海堤

图 5-46 卓然挺立的古建筑

（5）海塘观潮。海盐县的潮水，由于地理关系，不及海宁的一线潮，但因在涨潮时波浪起伏，像一条条绸带一样缓缓推进，浪推着浪，浪牵着浪，跳跃、翻滚（图 5-47），掀起一层惊涛，值得一观。

图 5-47 跳跃、翻滚的海浪

4. 生物景观

风景区内拥有丰富的动植物资源。香樟、红枫、芦苇、菖蒲等各色绿化苗木、水生植物合理搭配，形成错落有致、富有层次的绿化景观。植物资源类型包括森林沼泽型、草丛沼泽型、漂浮植物型、浮叶植物型、沉水植物型5种。其中香樟属国家二级重点保护野生植物。芦苇、白莲等观赏性植物在风景区绿色盎然的环境里点缀出别样风情，突显了别致景色。河中水草丰茂，拥有鲫鱼、草鱼、青鱼等多种淡水鱼类。岸边湿地水鸟品种多样，拥有白鹭、池鹭、牛背鹭、树麻雀、金腰燕等国家三级保护动物。生态农庄、淡水产品的生态放养也成为风景区独特的生物景观，将吸引大量城市游客。鱼鳞海塘水利风景区生物景观资源汇总见表5-5。

表 5-5　　　　　　　　　　鱼鳞海塘水利风景区生物景观资源汇总表

| 序号 | 亚类 | 资源单体名称 | 基本类型 | 资源等级 |
|---|---|---|---|---|
| 1 | 树木 | 香樟 | 林地 | 一级 |
| 2 | 花卉地 | 莲池荷花 | 草场花卉地 | 一级 |
| 3 | 野生动物栖息地 | 水鸟 | 鸟类栖息地 | 一级 |
| 4 | 野生动物栖息地 | 游鱼戏水 | 水生动物栖息地 | 一级 |

（1）莲池荷花。荷花自古都是真善美的化身、吉祥丰兴的预兆。有迎骄阳而不惧、出淤泥而不染的气质。荷花花叶清秀，清香四溢。每年夏天，迎风盛开的莲花与碧色荷叶相拥，蓝天碧水中这一美景令人流连忘返。莲池荷花见图5-48。

（2）生态湿地。白洋河水面与岸边通过生态湿地相连、自然过渡。经过人工培育，生态湿地起到了蓄水调洪、调节气候、净化水体的作用。置身其中，看白鹭飞舞（图5-49），聆听微风拂过成片芦花的哗哗声，体现出野草茂盛、曲径通幽、鸥鹭飞翔的悠闲自在特色生态景观。

图 5-48　莲池荷花

图 5-49　生态湿地白鹭飞舞

（3）海滨公园。乔木、灌木、草坪、地被在岸边铺展开来，通过不同植物色彩和错落有致的搭配，兼以木栈道、小桥和凉亭构架，打造出一个集生态而富有人性化的休闲、亲水、游憩空间（图5-50）。

（4）游鱼戏水。白洋河有生态养殖区，盛产鲫鱼、草鱼、青鱼、虾等多种淡水产品。均采用生态放养技术，禁止投放饲料，采取生态修复措施净化水质，保障淡水产品质量。白洋河游鱼戏水见图5-51。

5. 工程景观

风景区所依托的主要水利工程为海塘工程、南台头闸、白洋河生态湿地工程、南台头泵站排涝工程（规划中）等水利项目，将河道两岸打造成生态长廊，将海塘打造出水利文化长廊。

（1）海塘工程。海盐县城海岸线西南起自澉浦镇高阳山与海宁市交界处，东北至西塘桥镇方家埭与平湖市海塘相接。临江一线海塘全长 39.469km，自黄沙坞治江围垦起，

图 5-50　海滨公园集生态而富有
人性化的游憩空间

图 5-51　白洋河游鱼戏水

至场前海塘临江段止，包含 100 年一遇以上标准塘 27.505km，50 年一遇标准塘 11.964km。除省管国家塘外，境内海塘主要由企业塘和地方塘组成，其中企业塘包括黄沙坞围垦海塘及海盐东段围垦海塘，分别由旅投下属水利投资有限公司及海盐大禹水利发展有限公司管理；地方塘全长 13.283km，由黄沙坞海塘、长山段标准海塘、长山至青山海塘、青山至鸽山海塘、鸽山至杨柳山海塘以及场前海塘六段组成，各段海塘均达到了 100 年一遇和50 年一遇标准。"十二五"期间，完成长山段标准海塘加固长度 0.64km、场前标准海塘临江段长度 0.66km、省管标准海塘海盐秦山至敕海庙段加固长度 8.47km、秦山核电厂海塘加固长度 1.77km。其中位于风景区内的海塘长度为 5.728km，具体见表 5-6。风景区内海岸线海塘工程见图 5-52。

表 5-6　　　　风景区内临江一塘（沿钱塘江北岸标准海塘自南向北）一览表

| 海塘名称 | 海塘文化公园段省管海塘 | 敕海庙海塘（南台头至刘王庙） | 五团段海塘（刘王庙至五团） | 五团至盐北路 | 合计 |
|---|---|---|---|---|---|
| 属性 | 省管国家塘 | 省管国家塘 | 省管国家塘 | 企业塘 | |
| 防御标准 | 100 年一遇 | 100 年一遇 | 100 年一遇 | 100 年一遇 | |
| 长度/km | 0.4 | 3.122 | 1.706 | 0.5 | 5.728 |

图 5 - 52　风景区内海岸线海塘工程

（2）南台头闸。南台头闸是杭嘉湖南排在县境内向杭州湾排放涝水的第二个出海口，列为浙江省重点水利建设工程。大闸位于海盐县武原街道东南 1.5km 处沪杭公路上，采用桥闸结合。工程由南台头闸（图 5 - 53）及排水干支河组成。工程规模为 4 孔×8m 水闸，闸底高程－1.50m，按百年一遇挡潮设计，最大泄量 664m³/s。工程主要排水区为京杭运河（桐乡至嘉兴段）以东、长山河以北、平湖塘以南及杭州湾以西区域，排水面积约 750km²。排涝干河规模为：欤城以下的海盐塘与新开干河共长 9km，河底高程－3.0m，底宽 33m，欤城以上至陈家港口的海盐塘长 4km，底宽 40m，底高程－1.0m；陈家港口至 105 号铁路桥的大横港长 14.2km，底宽 25m，底高程－1.0m；105 号铁路桥以上为莲花桥港，长 13km，底宽 10～15m，底高程－1.0m。有南台头闸、排涝干河（从南台头大闸至桩号 4＋000.00 止，河长 4km）及配套河西市河、盐平塘。工程于 1991 年开工建设，1993 年 8 月 9 日通水。南台头闸可作为观光和江南典型水利工程的科普基地。

（3）白洋河生态湿地工程。白洋河湿地工程分四期建设，一期、二期和三期连成一线对外开放，四期正在建设之中。其中一期南起朝阳东路，北至城北路，长约 1112m，总面积为 9 万 m²；二期南起城北路，北至庆丰路，长约 800m，总面积约 4.25 万 m²；三期南起庆丰路，北至海兴路，长约 800m，总面积 10.23 万 m²。主要建设内容为截流清淤、水生态修复、水系沟通、护岸整坡、绿化苗木种植、水生植物种植以及配套亮化等。主要利用原有白洋河、鱼塘等丰富的水域，整合了水资源，通过理水筑岛的方法，集亭、轩、园林等具有江南特色的园林建筑于一体（图 5 - 54），同时，陆生、水生植物分别达到 100 余种和 20 余种，建设县域生态绿道 2km。

图 5 - 53　南台头闸

图 5 - 54　具有江南特色白洋河湿地

建成后的景观效果比较好，生态环境得到了很好的保护，同时也创造了良好的水生态，水质改善明显，是嘉兴地区生态改造示范项目，也是浙江省中小河流重点整治项目。白洋河湿地工程与建成的滨海大道互为呼应，形成城市新兴景观带。今后，海盐县还将继续改造剩余白洋河生态环境，加快推进滨海新城核心区湖区景观配套建设，打造滨海湿地生态休闲长廊。

（4）南台头泵站排涝工程。本工程位于南台头干河的入海处，泵站位于南台头闸右侧，排水口门位于海塘上。泵站设计扬程 2.86m，设计排水流量 150m³/s，装机容量 4 台×2500kW，采用竖井贯流泵。

本工程任务是增加太湖流域水环境容量，促进杭嘉湖东部平原河网水体流动，提高向杭州湾排水能力，改善流域和杭嘉湖东部平原水环境，提高流域和区域防洪排涝及水资源配置能力。

南台头泵站排涝工程建成后其本身就是一道风景，在泵站非运行期间，可作为一个对外宣传水利知识的窗口，让广大市民走近水利工程，了解水利工程。南台头排水泵站效果见图 5-55。

景观资源汇总见表 5-7。

图 5-55　南台头排水泵站效果图

表 5-7　　　　　　　　　　景 观 资 源 汇 总 表

| 序号 | 亚类 | 资源单体名称 | 基本类型 | 资源等级 |
|---|---|---|---|---|
| 1 | 水工建筑 | 海塘工程 | 堤坝段落 | 三级 |
| 2 | 水工建筑 | 南台头闸 | 堤坝段落 | 二级 |
| 3 | 水工建筑 | 白洋河生态湿地工程 | 堤坝段落 | 二级 |
| 4 | 水工建筑 | 南台头泵站排涝工程 | 提水设施 | 二级 |

**6. 人文景观**

（1）建筑景观。

1）鱼鳞石塘。海盐县位于钱塘江河口，杭州湾北岸，东濒滔滔大海，其县城武原街道距海塘不足半里，是全国离海岸最近的县城。海盐的海岸线是随着鱼鳞海塘水利风景区工程长江南沙嘴发育而变迁，历经伸展、退缩和相对稳定三个阶段。两千多年前，其海岸线曾伸展至县治东 95 里外，那时澉浦至王盘山呈一条直线。传说当年秦始皇出巡沿着从金山至澉浦的海岸线走过时，能够听到对岸绍兴城里的狗叫声。宋绍定《澉水志》云："旧传沿海有三十六条沙岸，九涂十八滩，至王盘山上岸，去绍兴三十六里，风清月白，叫卖声相闻，始皇欲作桥渡海。"宋鲁应龙《闲窗括异志》云："海盐捍海塘凡十八条。自县去海九十五里有望海镇，岁久波涛冲啮，尽为洋海。"后随着长江南沙嘴的发育，杭州湾喇叭口的形成，海水动力的变化，南岸加积，北岸因海潮侵蚀加剧而后退。

杭州湾涌潮虽是天下奇观，但破坏力也极大。自秦至明初，海盐的海塘仅是土塘、竹笼石塘或柴塘，在千百次的狂风怒潮袭击下，土塘被冲垮，村落和田野悄无声息地沉没，一座座小山峰成了水中的岛礁，笔直的海岸线扭曲成凹陷的弧形。海盐县治在金山华亭乡柘林陷为柘湖；移至武原乡（今平湖城东）后又陷为当湖；再南迁至齐景乡山旁（今乍浦附近）又淹没在海底；东晋时移至今海盐县城武原街道东南的马嗥城。桑田变成了沧海，苦难的百姓家破人亡，一次次往后逃离，但海潮依然如噩梦般地紧跟着。县治刚迁到武原时离海岸边的王盘山尚有50多里，到了唐代，海水已向内侵入20～30里，王盘山也沦陷在海中。南宋时又内浸10里，距海盐县城15里的望海镇与宁海镇均浸没于海底。连原先离海岸线较远的乍浦九龙山和澉浦诸山也已经临水。元代时，岸线又继续内陷4～5里，重置的宁海镇与城外的望月亭、海月亭相继沦入水下。至明初，岸线仍继续内陷，海盐县城的城墙离海岸只有半里之遥。

明初，海盐一带海塘依然崩毁不止，修筑频繁，海盐筑塘成了浙江修防重点。嘉靖二十一年（1542年），浙江水利佥事黄光升调查研究了海盐凶猛海潮的特点，认为海塘易圮的原因是"塘根浮浅""外疏中空"。于是，黄光升在海盐首创了五纵五横桩基鱼鳞石塘构筑法，塘体结构和施工技术开创了鱼鳞石塘的先河，是我国古代海塘工程建筑技术上的一项突破，取得巨大成功。石塘全部用整齐的长方形条石一块块纵横交错、自下而上垒成，每块条石之间凿出槽榫，用铸铁嵌合起来，合缝处用油灰、糯米浆浇灌，修筑而成的塘从侧面看塘身，层次如同鱼鳞形状，故称"鱼鳞石塘"（图5-56）。五纵五横鱼鳞石塘经临潮考验有效，从此，海盐塘线才得以固守不再后退。为了加固塘基，从清代开始，人们还把一根根的"梅花桩""马牙桩"钉死在石塘下面。鱼鳞石塘与长城、运河并列为我国古代伟大的三大土木工程。

图5-56　"鱼鳞石塘"

五纵五横鱼鳞石塘其筑法，明天启《海盐县图经》上载有黄光升所著《筑塘说》："予筑海塘，悉塘利病也。最塘根浮浅病矣。夫磊石高之为塘，恃下数桩撑承耳；桩浮即宣露，宣露败易矣。次病外疏中空。旧塘石大者郛，不必其合也；小者腹，不必其实也。海水射之，声汩汩，四通侵所附之土，漱以入，涤以出，石如齿之疏豁终拔尔。余修塘，必内与外无异石。先去沙涂之浮者四尺许，见实土乃入桩，入之必与土平。仍傍筑焉。令实乃置石，为层者二，是二层者，必纵横各五，令广拥以土，使沙涂出于上，令深皆以奠塘址也；层之三若四，则纵五之，横四之；层之五若六，纵四之，横五之；层之七若八，纵横并四之；层九、十，纵三之，横五之；层十一、层十二，纵横又并三之；层十三、层十

四、纵三之，横二之；层十五，纵二横三；层十六，纵横并二；层十七，纵二横一；层十八，是为塘面，以一纵二横终焉。石之长以六尺，广厚以二尺，琢之方，砥之平，俾紧贴也。层表里必互纵横作丁字形，弥直隙之水也。层中横必稍低昂作幞头形，弥横隙之水也。层相架必跨缝而置，作品字形，以自相制，使无解散也。层必渐缩而上，作阶级形，使顺潮势，无壁立之危也。如是又坚筑内土培之，若肉之附骨然，可免崩溃矣。"五纵五横鱼鳞石塘经临潮考验有效，从此，海盐塘线才得以固守不再后退。此外，黄光升还将海盐海塘按《千字文》字序进行编号、分段，以营造尺 20 丈为 1 号，编定海盐县石塘字号。鱼鳞海塘因为从组织上、制度上、经费上得到保障，经过不断加固完善，至今仍然发挥着非常重要的水利作用，又号称"海上长城"，成为海盐独特的人文景观，是宝贵的水文化遗产。

2）滨海大桥。横跨南排出海干河的桥梁滨海大桥位于南台头闸外海侧，为拱门形的斜拉桥（图 5-57）。滨海大桥（环城南路至秦山路）长约 460m，为两跨（102+131）m 斜拉桥+一跨 35m 预应力混凝土连续梁，大桥宽 30.5m，横断面为 4.75m（人非混行道）+3m（机非绿化带或吊杆区）+15m（车行道）+3m（机非绿化带或吊杆区）+4.75m（人非混行道）。

建成后的滨海大桥将成为一道靓丽的风景线，站在大桥上，可俯瞰南台头干河、南台头闸、南台头排水泵站，可远眺电视塔和大海。

3）靖海门。靖海门（图 5-58）坐落于海盐县城海滨东路上，紧邻海滨公园，箭楼共分两层，飞檐翘角，威风凛凛，沿着天空的方向勾勒出一道行云流水的曲线，在夕阳的映衬下显得优雅而又磅礴。《广雅》有载：靖，安也。"靖海"表达了人们对海防安定与和平生活的向往和期许。2011 年，靖海门在旧址上进行了重修，如今它已经成为海盐县新的文化地标性建筑，也广受来盐游客所喜爱。拾级而上，凭栏远眺，车水马龙的康庄大道，步履轻松的来往行人，美景如画的海滨公园，高楼林立的滨海新城，海盐小城四周景色，尽收眼底。

图 5-57　拱门形的斜拉桥

图 5-58　靖海门

4）潮音阁。潮音阁（图 5-59）耸立在武原街道东首海滨，北靠繁华市区，面对杭州湾，是近年新建楼阁，为海盐市民与外地游客提供了一处游览休闲地。潮音阁于 1989 年 8 月开工，1992 年春节落成；楼阁为仿古三层建筑，造型古朴，金黄屋面，四角玲珑；总占地 1723m²，总建筑面积 703m²，高三层，地下一层，通高 19m，面阔和进深各 12m，每层四面栏杆。在楼阁饮茶，因受海水调温作用，具有冬暖夏凉的特点。登阁可晨观旭日东升，昼赏白洋河、海滨公园，夜看县城万家灯火，更可南望秦山核电城，北眺杭州湾大桥。四顾风景，可谓美不胜收。海盐县的潮水，由于地理关系，不及海宁的一线潮，但因在涨潮时波浪起伏，缓缓推进，其悦耳的潮音，令人难以形容，好像战国时的敲打音乐编钟，又好似古琴在奏高山流水之曲，所谓潮音阁上听潮音。

5）零碳屋。零碳屋（图5-60）位于海盐县海滨公园，总建筑面积530m²，是海盐能源学校的一部分。它是一个具有"零碳"概念的生活体验馆及"零碳"技术的集成体，向公众展示了建筑能耗实现零排放的可能性，同时以直观方式介绍其背后先进的技术支持和专业节能知识。"零碳屋"综合运用了智能光线调节、高效保温、智能空调等六大节能系统，采用的风光互补发电系统将绿色能源的利用达到了最优化。其总装机容量56kW，预计年平均发电5.98万kW·h，年耗电计算量在2.2万kW·h左右，"自发自用，余电上网"，可实现节约煤7.23t，减少碳排量55t，相当于种植2990棵树。"零碳屋"是帮助当地实现能源自足的标杆式建筑。

图5-59　潮音阁

图5-60　零碳屋

6）绮园文化广场。绮园文化广场占地60亩，于2010年年初正式对外开放。在规划设计上以美化城市环境、提升城市品位为目的，以体现海盐特色、彰显海盐文化为建设理念，将海盐的历史文化元素抽象化、景观化，精心打造了海滨相斥、城市之源、秦皇置县、千年捍海、酱园遥想、城市记忆六个特色景区，并与广场北面的张元济图书馆和张乐平纪念馆相为呼应，是一个集文化、娱乐、休闲、旅游、集会于一体的多功能综合性活动场所，是体现海盐文化的窗口，成为海盐具有江南特色、富有地方文化的"城市客厅"。

7）海盐县博物馆。海盐县博物馆（图5-61）位于武原街道新桥

图5-61　海盐县博物馆

北路 122 号，是一座展示海盐历史文化为主体的地区性综合类博物馆，2012 年 9 月 28 日正式向社会公众免费开放。建筑主体平面呈正六边形，立体四层，高 20.40m，建筑面积 10000 余 m²，一至三层为展示空间，四层为文物库房、办公室。基本陈列《海盐·嬴政二十五年》位于博物馆三楼，面积约 2400m²，分为序厅、沧海桑田、缘海而邑、海上长城、海上丝路、文脉渊源、尾厅七个部分，在整个陈列中又提炼出"五个千年"即千年聚落、千年盐都、千年海塘、千年港埠、千年古刹，突显了海盐的地域特征和历史文化特色，讲述了一个中国最古老的县的故事。临时展厅位于二楼，面积约 1400m²，分设器物展厅（800m²）和书画展厅（600m²），常年举办各类展览。

民间文化专题馆位于一楼西侧，面积约 600m²，分为海盐腔展演馆和民间收藏展示馆两个特色展厅，2013 年 11 月 9 日正式建成开放。民间文化专题馆以展现地方特色为中心、以社会共建为手段，是全面发挥文化场馆功能、深化社会公益事业改革的一次尝试和探索。它的建成开放对于我国地方综合性博物馆的改革发展也有着一定的参考价值。

作为海盐县重要的对外文化交流窗口和爱国主义教育基地，海盐县博物馆立足"基本陈列、专题陈列、临时陈列"三位一体的展陈体系，为公众提供一个惠民、乐民、智民的公共文化休闲平台。

8）张元济纪念馆。张元济纪念馆（图 5-62）原名"张元济先生纪念室"，位于张元济图书馆东区。张元济纪念馆面积 1000 多 m²，包括 600 多 m² 的张元济生平事迹展览厅和拥有 108 个座席的报告厅。张元济（1867 年 10 月 25 日—1959 年 8 月 14 日），字菊生，号筱斋，浙江海盐人，出生于名门望族，书香世家；清末中进士，入翰林院任庶吉士，后在总理事务衙门任章京；1902 年，张元济进入商务印书馆历任编译所所长、经理、监理、董事长等职；新中国成立后，担任上海文史馆馆长，继任商务印书馆董事长。张元济是中国近代杰出的出版家、教育家与爱国实业家，他一生为中国文化出版事业的发展，优秀民族文化遗产的整理、出版做出了卓越的贡献。在他主持商务印书馆时期，商务印书馆从一个印书作坊发展成为中国近代史上最具影响力的出版企业。

他组织编写的新式教科书风行全国，在中国近现代教育史上具有开创性的意义；他推出严复翻译的《天演论》、林纾翻译的《茶花女》等大批外国学术、文学名著，产生了广泛深远的影响；他主持影印《四部丛刊》、校印《百衲本二十四史》以及创建东方图书馆，对保存民族文化都有很大的贡献；著有《校史随笔》《中华民族的人格》等。

9）张乐平纪念馆。海盐县人民政府于 1995 年 10 月在县城三毛乐园建立张乐平纪念馆（图 5-63），由著名作家巴金题写馆名。该馆结构精巧，造型独特，环境幽雅，馆前草坪上矗立着张乐平与三毛在一起的铜像，馆内陈列张乐平先生百余幅漫画珍品，不同版本的作品集，遗物，书法等，用图片反映了张乐平先生投身革命从事艺术创作的历程，并配合放映《三毛流浪记》《东方小故事》《三毛从军记》等电视录像片。张乐平先生（1910—1992）是海盐县海塘乡文化名人，是著名漫画大师，一生创作了大量漫画作品，"三毛系列"漫画为其代表作。整座纪念馆结构精巧、造型独特、环境优美。纪念馆内设有纪念室、创作室、展览室、活动室、接待室等。馆内收藏了张乐平先生近千幅原作精品，历次出版的画集，以及生前照片和遗物等。

图5-62　张元济纪念馆

图5-63　张乐平纪念馆

张乐平纪念馆被命名为嘉兴市爱国主义教育基地和海盐县爱国主义教育基地。中国美术家协会漫画艺委会授予的"全国少儿漫画基地"标牌就放置在纪念馆内，标志着"三毛故里"海盐县成为全国首个少儿漫画创作基地。

鱼鳞海塘水利风景区建筑景观资源汇总见表5-8。

表5-8　　　　　　　　　　鱼鳞海塘水利风景区建筑景观资源汇总表

| 序号 | 亚　类 | 资源单体名称 | 基本类型 | 资源等级 |
|---|---|---|---|---|
| 1 | 水工建筑 | 鱼鳞石塘 | 堤坝段 | 四级 |
| 2 | 交通建筑 | 滨海大桥 | 桥 | 二级 |
| 3 | 景观建筑和附属型建筑 | 靖海门 | 城（堡） | 一级 |
| 4 | 景观建筑和附属型建筑 | 潮音阁 | 楼阁 | 二级 |
| 5 | 综合人文旅游地 | 零碳屋 | 教学科研实验场所 | 四级 |
| 6 | 景观建筑和附属型建筑 | 绮园文化广场 | 广场 | 一级 |
| 7 | 综合人文旅游地 | 海盐博物馆 | 文化活动场所 | 二级 |
| 8 | 综合人文旅游地 | 张元济纪念馆 | 文化活动场所 | 二级 |
| 9 | 综合人文旅游地 | 张乐平纪念馆 | 文化活动场所 | 二级 |

（2）园林景观。

1）海塘文化公园。海塘文化公园位于南台头闸附近，北与观海园隔河相望，东临杭州湾，西靠老沪杭公路，环境优美，景色秀丽。建设内容包括：以景墙、地雕和雕塑来展示塘工（图5-64）、工艺变迁史、筑塘名人、各时期海塘变迁史等的大型雕塑；以实体模型样式来展示不同时期海塘形式的海塘情景雕塑，如柴塘、坡陀塘、条块石塘、鱼鳞石塘；以生态景观为主题的绿化、园路、绿道等休闲系统；建设管理用房、公共厕所、停车场、亮化等配套设施；外侧设置一道以治水、护塘为主题的文化景墙，在起到安全防护作用的同时具有文化宣传意义。海塘文化公园于2012年启动建设，用地面积5.2万 $m^2$ ，建设于鱼鳞石塘和现代百年一遇海塘之间，突出盐文化、鱼鳞海塘文化等海盐地方文化特色，着重展现海盐杭州湾区位的独特自然风景与人文景观，营造生态环保、自然和谐主题公园。

图 5-64 展示塘工造海塘的雕塑

2）海滨公园。海滨公园是海盐县第一个综合型公园，占地面积 215 亩，总投资 1.17 亿元，东至滨海大道，西临盐平塘河，南起朝阳东路，北至城北东路。海滨公园于 2009 年 6 月初开工建设，涉及环城河清淤、园林道路、景观桥梁、重建靖海门、古城墙遗址保护文化景墙等项目。公园总体分为"一轴三区"："一轴"即公园景观主轴线，沿线分布表现海盐盐田文化（图 5-65）、生态绿化景观（图 5-66）、历史景观等；"三区"即为公园的特色商业区、历史文化景观区和休闲健身活动区。步入公园，呈现眼前的是"印象海盐"浮雕，设《鱼米之乡》《丝绸之府》《文化之邦》《回眸历史之围垦》四大主题，运用写实的艺术手法，体现海盐历史文化、地域特色、发展历程及人民生产生活。情景雕塑盐田文化展现了海盐古时劳动人民制盐、晒盐的场景。

图 5-65 展示海盐盐田文化景观　　　　图 5-66 展示海盐生态绿化景观

海滨公园体现了以下文化特色：

a. 注重历史古迹保护与修复。公园内多处历史古迹，如古城墙遗址、靖海门（图 5-67）、东吊桥等都得到了有效保护与修复，展现了原有的历史风貌。

b. 融入海盐历史文化。通过雕塑展现了海盐古代劳动人民制盐、晒盐场景的盐民文化（图 5-68）。

c. 展现劳动人民与海抗争、与倭寇抗争的海塘文化。古墙遗址（图 5-69）和雕塑（图 5-70）展现了劳动人民与海抗争、与倭寇抗争的海塘文化。

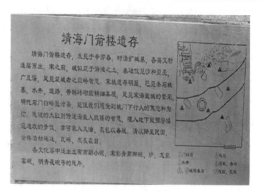

图 5-67　靖海门

图 5-68　展现海盐古代劳动人民制盐、晒盐场景的雕塑

图 5-69　展现劳动人民与海抗争的古墙遗址　　　图 5-70　展现劳动人民与倭寇抗争的雕塑

图 5-71　展现海盐水运文化的纤夫雕塑

d. 展现了海盐的水运文化。古海盐商品流通以水运为主。在临盐平塘区域设置纤夫道,展现海盐作为江南水乡水路交通发达、商业繁华的盛景。展现海盐水运文化的纤夫雕塑见图 5-71。

3)闻琴公园。闻琴公园在武原街道东门外,传说中,曾有闻琴村,村里曾有闻琴桥、闻琴台，伯牙、钟子期"高山流水遇知音"的故事就发生在这里。《列子·汤问》记载："伯牙善鼓琴，钟子期善听。伯牙鼓琴，志在高山，钟子期曰：'善哉，峨峨兮若泰山！'志在流水，钟子期曰：'善哉，洋洋兮若江河！'伯牙所念，钟子期必得之。子期死，伯牙谓世再无知音，乃破琴绝弦，终身不复鼓。"2011年在这个知音之地建起了闻琴公园，设伯牙台（图5-72）和高山流水景墙等小品，生动再现伯牙鼓琴遇知音的历史场景，并安放了伯牙抚琴雕塑，供人们休闲游玩之余，重温这些历史传说。同年，海盐县又在朝阳东路环城河上新建闻琴桥，使这一消匿的史迹重新焕发魅力。

4）观海园。观海园于2003年完工，位于南台头闸之北，东南临杭州湾，西北至杭沪公路，占地5.4hm。全园依海而建，呈狭长三角形。整体布局为大面积起伏多姿的绿色草坪，间以品种多样的疏林和四季鲜花，并以宽3m左右的卵石旱河蜿蜒穿绕其中（图5-73），旱河上建有造型各异的木结构小桥。园中央有小型休闲广场和餐饮娱乐辅助房，供市民散坐休憩。园南靠近南台头出海排涝水闸处，有一座下海捕鱼渔民塑像。观海园格调活泼，风格鲜明，运用了现代园林的表现手法。

图5-72 伯牙台

图5-73 卵石旱河蜿蜒穿绕的观海园

5）绮园。自明代始，鱼鳞海塘的建设捍卫了海盐人民生命和财产安全，维护了当地经济社会的稳定和可持续发展。明代以来，物产丰沛的地理优势、富庶闲适的生活环境使文人墨客、富商集聚在此安居乐业，建造私家园林。但大多在战乱中损毁，目前保存下来的只有绮园。

绮园（图5-74）位于武原街道海滨东路，占地15亩，水域面积2000m²（即3亩）。该园原为明代废园，后冯氏在此建园，人称冯家花园，为江南典型私家园林风格。绮园园主冯缵斋是清代诗人、剧作家黄燮清之次婿，黄家先后拥有拙宜园和砚园，黄燮清将两园作为次女黄秀陪奁。清咸丰年间（1851—1861年），两园均遭兵火毁坏；同治六年，冯缵斋集两园山石精粹，并添置一些

图5-74 绮园

太湖石，修筑此园，同治十年初具规模；后又续建了亭台楼阁等，增设景点，并将其命名为绮园，意为"妆奁绮丽"。新中国成立后，冯缵斋后人将园林献给了国家，1960年10月—1961年10月辟为嘉兴专署工人疗养院；1967年重修，更名为海盐人民公园；1980年被

列为县级重点文物保护单位；1985 年 6 月复名绮园；1990 年列为省重点文保单位，现为全国重点文物保护单位；2014 年被评为国家 4A 级旅游景区。

绮园园内以树木山池为主，相间点缀，错落有致。虽然绮园的面积不大，但景致很多，具有代表性的有"绮园十景"："别有洞天""潭影九曲""美人照镜""四剑探水""晨曦霯画""蝶来滴翠""海月小隐""古藤盘云""幽谷听琴""风荷揽榭"。进园迎面为一座四面轩敞的花厅"潭影轩"。厅前临碧池，其上九曲小桥，曰"潭影九曲"。隔池筑假山，厅后小山作屏，山上古木参天。侧有奇石，名"美人照镜"。池水绕厅东流，穿洞至山后大池。这是一片大山大水景区，东北边为连成一气的大假山，峰巅有"小隐亭"，为全园最高点。山北深处有一小潭，潭中有小岛，深幽而含蓄。北山东南面是中心水池，池东岸有"滴翠亭"，西北有"卧虹水阁"。池中两堤三桥各不相同，使水域变幻多姿，富有韵味。全园水相通，山相接，水随山转，山因水活。精巧玲珑的假山把全园隔成两个区域，分别具有苏州、杭州、扬州等地的园林特色。游人在山洞或岸道穿行，但见古藤匍匐，绿荫蔽日，石径通幽，移步换景。园内树木近千株，其中古树名木 40 余株，均为数百年旧物，整个园林几乎被树木所覆盖。

绮园是浙江省内保存比较完好的古典私家园林，无论其规模、完整性，还是艺术水平都是罕见的。著名园林专家陈从周教授多次考察，赞叹不绝，撰文称"此园浙中数第一"，被誉为全国十大名园之一。中央电视台曾来绮园拍摄电视剧《红楼梦》《聊斋》等外景。

鱼鳞海塘水利风景区园林景观资源汇总见表 5-9。

表 5-9 鱼鳞海塘水利风景区园林景观资源汇总表

| 序号 | 亚类 | 资源单体名称 | 基本类型 | 资源等级 |
|---|---|---|---|---|
| 1 | 综合人文旅游地 | 海塘文化公园 | 文化活动场所 | 三级 |
| 2 | 综合人文旅游地 | 海滨公园 | 园林游憩区域 | 二级 |
| 3 | 综合人文旅游地 | 闻琴公园 | 园林游憩区域 | 二级 |
| 4 | 综合人文旅游地 | 观海园 | 园林游憩区域 | 二级 |
| 5 | 综合人文旅游地 | 绮园 | 园林游憩区域 | 四级 |

（3）水利名人典故。

1）钱镠及其海塘建设。钱镠（852—932），字具美，临安人。开平四年（910 年），江潮汹涌，其创建竹笼石塘（图 5-75），使塘岸得以稳固。竹笼石塘的建成是钱塘江海塘由土塘发展到石塘的重要转折，后人称之为"钱氏捍海石塘"，海盐海塘也在此时筑成。

2）杨瑄及其治水业绩。杨瑄，字延献，江西丰城人。成化年间（1465—1487 年），任浙江按察副使，驻守海盐，巡视海道。"成化八年至十三年风潮大作，塘大圮。"成化十三年（1477 年），其仿宋王安石在鄞县所筑塘式，改建海盐县旧塘为坡陀塘（图 5-76），计长 2300 丈。海盐坡陀塘筑成后，对抗风放浪效果十分明显。明代筑塘采用这一型式，对塘工技术的发展具有深远的影响。

3）黄光升治海塘新技术。明代的水利科学家黄光升（1507—1586），字明举，号葵峰，福建晋江人。明嘉靖年间进士，历任浙江水利佥事、兵部侍郎，官至南京刑部尚书。在浙江任佥事期间，适值海盐石塘屡筑屡坏，他总结前人筑塘的经验教训，精心研究塘基处理和条石纵横叠砌方法，创筑五纵五横鱼鳞石塘（图 5-77），取得成效。此后直至清代，在沿海险要地段所砌石塘大多采用黄光升筑塘法。为纪念这位杰出的古代水利科学家黄光升在海盐始建五纵五横鱼鳞石塘的伟大功绩，在县城东侧海滨公园观海园海塘旁耸立起黄光升雕像，令人怀古思今，不忘古代贤达的英明之举，同时感慨今天雄伟坚固的高标准海塘如巨龙横卧在东海之滨，似长城雄镇万顷波涛，百姓才能安居乐业。自黄光升雕像（图 5-78）立像以后，来这里瞻仰的人们络绎不绝，因而这里又成了海盐县城一个新的人文景观。

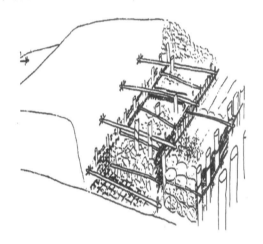

图 5-75　竹笼石塘

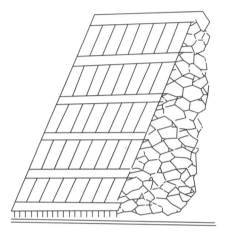

图 5-76　坡陀塘

图 5-77　五纵五横鱼鳞石塘

图 5-78　黄光升雕像

4）李卫抢修海塘。李卫（1686—1738），字又玠，江苏铜山人。清雍正三年（1725年）任浙江巡抚。雍正五年（1727 年），鉴于朝廷已允修筑江浙海塘，但因所需银两浩大，李卫上奏请"将骤决不可缓待之塘工先行抢修"。遂修海宁、海盐、萧山、钱塘、仁和各处海塘，"抢修"之名也自此始。雍正五年（1727 年）至雍正九年（1731 年），共筑海宁柴塘 2791 丈、石塘 69.66 丈，盘头 9 座，修旧石塘 1024 丈，筑仁和、钱塘、海盐、萧山等县海塘 6039.8 丈，坦水 710 丈；筑平湖土塘 2782 丈、石塘 90 丈。

5) 徐用福治水事迹。徐用福（1829—1908），武原人，字响五，号次云。咸丰以后，盐邑海塘长期失修，多次决口。他亲勘险要地段共 1600 余丈，加固加高总长 1400 余丈，动库银 40 万两。兴工期间，他冒风雨，勤督率，务求坚固。事后浙抚赞其力，奏请进行奖掖，得赏内阁侍读衔。十八年至二十四年间，因洮河水道淤塞，嘉郡四遭夏旱，稼禾歉收，尤以海盐、海盐为甚。其在平湖县东北诸水与洮水相接处，共疏浚河道 2100 余丈，开土 74300 余方，嘉郡七县受益，因此得朝廷再度嘉奖。此外他还发起重建倾斜的软城大桥，筹办义仓，捐资创办培风义塾，延请名师教习等，对地方事业颇多建树。

（4）民俗文化。

1) 海盐腔。海盐腔（图 5-79）因形成于海盐而得名（别称浙音、浙调、浙腔、盐腔、越调、海盐高调），列我国戏曲四大声腔之首。《中国戏曲曲艺词典》"戏曲声腔"章

图 5-79　海盐腔戏班

作第一个条目收录。海盐腔源于元末，以后形成为固定声腔。明代嘉靖、隆庆年间（1522—1572 年）是海盐腔鼎盛时期，流布地区逐步扩大至嘉兴、湖州、杭州、温州、台州、松江、苏州、南京、北京、山东、福州、潮州以及江西、安徽等地。清康熙（1662—1722 年）末年尚有海盐腔活动记载。至清乾隆（1736—1795 年）后便湮没无闻，几近绝响。但海盐腔于戏曲发展史处于显赫

地位，至今仍在国内外留有深远影响。明代海盐腔戏班有两种组织形式：一是家乐戏班，为豪门贵族所蓄养，艺人多卖身为奴，除演戏外，兼供其他使令；明陈士业《江城名迹》记载，万历年间，建安镇将军朱多煤家之海盐女班，有十四五人；二是江湖戏班，由班主经营，浪迹江湖，凄风苦雨，境况比家乐戏班差。明代视伶工为贱业，优伶要并足朝上，跪着弹唱。

2) 海盐文书。海盐文书（曾称神歌书、骚子书等），是民间举行待佛（一说"赕佛"）祭祀仪式时的一种文艺表演样式，源于古老民间祭祀神歌，已有 300 多年的历史，是海盐民间艺术中的一朵奇葩。旧时绅民之家凡逢婚娶、寿辰、生病还愿、造屋酬愿、年岁祈福等喜庆事，均在家设宴举行待佛祭祀仪式，请若干名专事者主持仪式，"奉文书"（俗称歌唱神歌书，即说唱海盐文书），迎神送佛，传香上贡，以媚神娱乐，禳灾祈福。主持仪式者，被称为"骚子（嘴）先生"，亦自称传香人或承师或祖传，也有少数自学，大多是半职业性；有一定文化基础，会读书目，会抄唱本，有些还会创作，改编；记忆力强，嗓子好，会写、画、剪、扎、捏等手工技艺。

3) 海盐滚灯。海盐滚灯源于秦山及其沿海一带，已有 700 多年历史，源远流长，明清时已经盛行，是一种传统的民间灯彩工艺，又是传统的民间竞技舞蹈，是农村正月十五闹元宵及各种庙会期间的一项特色文艺活动。海盐滚灯独树一帜，既有表演性、竞技性，具有阳刚之美，显粗犷、剽悍之尚武精神；又有观赏性，各种动作连贯协调，变化自如，富有美感。海盐濒海，常遭海盗侵袭，沿海乡民亟须强身尚武以防患御匪，故民间盛行滚灯竞技比武。海盐滚灯表演由 9 套 27 个动作组成。海盐滚灯舞台献演见图 5-80。20 世

纪80年代后，海盐滚灯不断加工提高，先后历经九次创编；1986年参加浙江省第五届音乐舞蹈节获创作一等奖；2001年6月，在"中国·海盐滚灯艺术节"上，成功举办了"全县滚灯舞蹈比赛"和"江浙沪民间舞蹈'滚灯'大会串"两场大型活动；海盐滚灯应邀与中央电视台"心连心"艺术团在庆祝建党80周年的舞台上同台献演；中央电视台第3套节目拍摄了《海盐滚灯》专题片等。《中国民族民间舞蹈集成》《中国群众文化辞典》将其收录，从而使海盐滚灯放射出更加璀璨的光芒。海盐滚灯现列为国家级非物质文化遗产项目。

4）塘工号子。塘工号子是海盐人民在抗争自然灾害，齐心协力修筑海塘的劳动过程中集体创造的结晶，具有旋律多变、风格粗犷等音乐特色。海盐濒海，境内有50多 km 海岸线。千百年来，海水潮起潮落，既给人们带来无限景观，也给人民带来深重灾难。为防海患，海盐历代先民们不断修筑海塘，工程浩大，有挑土填基、采石搬运、撬石打桩、砌石合龙等多道劳动工序。为协调步伐动作、调解情绪以减轻疲劳，塘工们根据每道工序特点以及劳动节奏，创作出一组劳动号子，有撬石号子、翻石号子、龙门桩号子、打夯号子、飞硪号子、长杠号子、串步号子等，这组号子统称为塘工号子，塘工号子造海塘雕塑见图5-81。塘工号子与其他劳动号子的区别则在于它的音乐性较强，艺术感染力更加丰富。

图5-80 海盐滚灯舞台献演

图5-81 塘工号子造海塘雕塑

随着原始劳动方式被淘汰，修筑海塘工程渐由机械化操作，塘工号子亦逐渐消逝。1973年，海盐代表队以塘工号子音乐创编男声表演唱《围海造田忙》，先后参加嘉兴地区和浙江省文艺创作节目调演大会；是年12月，浙江省新闻记录电影摄制组拍摄《海塘号子》艺术记录短片；1974年，中央音乐学院将其音乐资料编入教材；20世纪80年代，塘工号子歌词、曲调先后被编入《中国歌谣集成浙江卷》《中国民间歌曲集成浙江卷》。

5）老虎嗒蝴蝶。海盐民间舞蹈老虎嗒蝴蝶宋朝时已经存在，距今近千年，流传地区在海盐农村一带。主要在元宵节期间由当地民间艺人自行组织走村串户表演，并有民间锣鼓伴奏，表演时由两名男性分别扮演老虎和蝴蝶。嘉兴、海盐一带是典型的"江南鱼米之乡"，从古代到新中国成立前后农村民房大多以草棚、木结构、竹结构为主，由于草、木、竹是易燃物，一旦着火，便是倾家荡产，百姓对火尤为恐惧，但又无奈。人们认为老虎具有凶猛、威武、强壮之感，火神怕老虎，老虎来了，火神就跑了，老虎去过的地方，火神就不敢来，所以嘉兴、海盐等江南一带农村百姓不但身上穿老虎衣，头上戴老虎帽，脚上穿老虎鞋，门上挂老虎灯，还跳老虎舞来保佑人人健康，身体强壮，家家平安。1947年元宵节老虎嗒蝴蝶还在海盐秦山镇长川坝集镇及附近几个村里演出，这是目前了解的最后一次民间演出。民间舞蹈老虎嗒蝴蝶产生与当时劳动人民生产方式、社会心理、民间习俗、自然现象等诸多因素有着密切的联系，它借助舞蹈的样式，既满足了人们对文化娱乐的需求，也表达了对消避自然灾害能过上太平安定日子的期盼和愿望。中华人民共和国成立后，海盐文化部门曾多次编排过老虎嗒蝴蝶，但在表演动作、服装道具等方面与原动作有改动。主要有1957年海盐文化馆编排的老虎嗒蝴蝶参加全省民间舞蹈调演，1982年原长川坝文化站创编的老虎嗒蝴蝶参加全县文艺调演。

6）五梅花。五梅花俗称串花或和尚走花，它依附于宗教仪式而不属于宗教活动，其音乐亦不属于宗教音乐体系，是各种祈祷、祭祀或荐亡礼忏（俗称拜忏或做道场）法事结束后自娱自乐的活动。今民间仍在流传，五梅花主要流传于海盐及周边一带，已有200多年历史，民国时期最鼎盛。其得名由来，众说纷纭，难以考证。或说举丧者以及亲属均身穿白色孝服，腰系白布带，与白梅花颜色相似；或说梅花于年终（腊月）开放，象征死者虽死犹生，宛如梅花洁白纯香，永留人间。其表演目的，一是僧侣、道士做法事后很劳累，于是表演一番，以求自乐解疲；二是让举丧户得到娱乐感染，以解悲伤情绪。五梅花舞蹈队形主要有水蛇行、绳绞索、双绞索、走四角、旋一角、推骨牌、推高盘、蛇蜕壳、钻门洞、胡峰顶癫痫、走太极（又称圆绞索）、转（方言音"勃"）三角等，结构严谨。其

图5-82 戏班舞台表演五梅花

中走太极、转三角为武场主要队形，有翻跟头、豁虎跳、燕子飞、乌龙扫地等武功动作。舞蹈动作一般有缓步行走、急步行走、互绕步、剪刀花、打米状、顶头走、矮子步、荷花对谢、晃头走等，变化较多。1949年后，经过县文化工作者的抢救发掘，五梅花宝贵资料得以保存并发展，编排成舞台表演之舞蹈艺术（图5-82）。五梅花条目分别被《中国民族民间舞蹈集成·浙江卷》《中国民间舞蹈集成·浙江省嘉兴卷》收录。

鱼鳞海塘水利风景区名人雕塑、民俗文化资源汇总见表5-10。

表5-10 鱼鳞海塘水利风景区名人雕塑、民俗文化资源汇总表

| 序号 | 资源单体名称 | 亚类 | 基本类型 | 资源等级 | 备 注 |
|---|---|---|---|---|---|
| 1 | 黄光升雕像 | 人事记录 | 人物 | 三级 | |
| 2 | 海盐腔 | 艺术 | 文学艺术作品 | 三级 | 省级非遗项目 |
| 3 | 海盐文书 | 艺术 | 文学艺术作品 | 三级 | 省级非遗项目 |
| 4 | 海盐滚灯 | 艺术 | 文学艺术作品 | 四级 | 国家级非遗项目 |
| 5 | 塘工号子 | 艺术 | 文学艺术作品 | 三级 | 省级非遗项目 |
| 6 | 老虎嗒蝴蝶 | 艺术 | 文学艺术作品 | 三级 | 市级非遗项目 |
| 7 | 五梅花 | 艺术 | 文学艺术作品 | 三级 | 省级非遗项目 |

7. 风景资源组合

风景区内以鱼鳞海塘、白洋河生态湿地公园、绮园景区、海滨文化公园、观海园、南台头科普观光为核心，区域内生态环境质量良好，水利人文资源丰富，为水利旅游事业的开展奠定了很好的资源基础。

（1）天人合一的生态环境。风景区内河流深邃、河网密布。海盐以"五水共治""三改一拆"为抓手，使水质纯净，空气清新，粼粼波光、潺潺流水诉说着南部水乡的自然独特魅力。良好的生态环境滋养了多样、珍稀生物资源，也提供了宜居、宜游的自然条件。天人合一的生态环境见图 5-83。

（2）底蕴深厚的千年海塘文化。自秦代至明代初期，海盐的海塘全是土塘、竹笼石塘或柴塘，经常崩塌。明嘉靖年间，浙江水利佥事黄光升在海盐首创了五纵五横桩基鱼鳞石塘构筑法，有效稳固海岸线。之后，海盐县改进技术，修筑了双盖鱼鳞石塘，以加重塘体增强抵御风潮冲刷的能力。2004 年，海盐县建成了百年一遇防洪标准的海塘，长久守护在海岸线上。站在海塘上，看着潮起潮落，耳边回响富有强烈感染力的塘工号子声，眼前浮现当年一群壮年塘工身影起伏，正在热火朝天地修筑海塘，晶莹汗水从黑黝健硕的肌肤上一滴滴滑下，摔落在海塘上，塘工们用艰辛和传承，燕子衔泥般，筑起了巍然屹立的"海上长城"（图 5-84）。海塘体现了海盐人民与大自然抗争并最终赢得与自然和谐共处的历史。这部历史充分反映出人民"自强不息、坚忍不拔、勇于创新、敢为天下先"的精神。这种精神中，又折射出海盐人民"精雕细琢"的工匠精神。

图 5-83 天人合一的生态环境

图 5-84 巍然屹立的"海上长城"

（3）生态治水的滨海特色小镇。以人水和谐、尊重自然为生态法则，从先贤治水思想，古代水利工程到当代生态堤岸、景观桥闸、退塘还河故土，"疏浚、筑堤、修圩、水系连通、湿地建设"的治水思想和智慧一脉相承，不断丰富、改进和完善。经过千年发展、演变，海盐这座史上水患不断的千年盐都，在一代代江南水利人的绝世智慧和不懈努力下，变为"鱼米之乡、丝绸之府、文化之邦、旅游之地、核电之城"，令人向往、威震四方、流芳百年。在这方寸不大的水土上，集中了水系连通、生态筑堤、景观桥闸、滨海小镇、生态放养、河岸绿化景观带等生态治水要素。其生态治水模式提升了滨海城市品位，真正实现了武原成为一座宜居、宜游、宜休闲、宜业的绿色滨海城镇，成为江南滨海生态治水模式的典范和江南滨海地区水生态文明建设的集中展示地。

综合以上风景资源评价与分析，得到景区资源评价与综合现状图见图 5-85。

| 资源单位名称 | 资源等级 |
| --- | --- |
| 白洋河湿地工程 | 二级 |
| 南台头干河 | 二级 |
| 海塘工程 | 三级 |
| 张元济纪念馆 | 二级 |
| 张乐平纪念馆 | 二级 |
| 海盐博物馆 | 二级 |
| 绮园文化广场 | 一级 |
| 南台头排水泵站工程 | 二级 |
| 滨海大桥 | 二级 |

图 5-85　景区资源评价与综合现状图

### 5.3.2.3　风景区发展 ADOC 分析

1. 优势（advantages）

（1）区位交通条件优越。海盐县北距上海 118km，南距杭州 98km，南隔杭州湾与宁波相望。对外交通主要依托杭浦高速、乍嘉苏高速、沈海高速等三条高速公路，以及 01 省道（东西大道）、盐湖公路、南王公路等交通干线。杭州湾跨海大桥接口紧邻街道，已经成为沪、杭、苏、甬黄金区域的区位中心和沪杭、苏甬双线交汇的交通枢纽，形成至四城市 1 小时即达的交通网络。

（2）水资源与旅游资源丰富。风景区内有白洋河、南台头干河等多种重要水系资源，水体资源丰富、水质纯净达标、水生态环境良好、水文资源观赏性强。同时，风景资源品质高，组合效果好。

（3）水文化与工程具有代表性。有集中展现不同时期海塘工艺变迁史的海塘文化公园；展现海盐古时劳动人民制盐、晒盐辛勤劳作场景的滨海公园；有高山流水遇知音典故的闻琴公园；有千年历史鱼鳞石塘与现代百年一遇海塘；有生态理念的白洋河湿地公园、"零碳屋"（能源学校）工程和绿色低碳展示馆工程以及南台头排涝工程，有被誉为中国十大园林之一的绮园等。这些构成了海盐地方文化特色和杭州湾区位的独特自然风景与人文景观。作为处于低洼区的江南水乡，大量采用了生态护坡、湿地、绿色、低碳等文化要素，将这套治水文化有效地传承下来，是中国水利未来的发展走向。

**2. 弱势（disadvantages）**

（1）风景区缺少品牌性资源。虽然鱼鳞海塘水利风景区坐拥多种旅游资源，但是资源品级不够高，缺少稀缺性和具有一定景观震撼力的旅游资源，市场上对游客的吸引力不够强。

（2）风景区内的配套设施薄弱。景区内缺乏必要的解说、标识设施、游憩休闲设施、宣传等旅游要素配备，无法满足游客的旅游需要。

**3. 机遇（opportunities）**

（1）水利旅游发展趋势良好。2009 年，国务院发布的《关于加快发展旅游业的意见》提出要把旅游业培育成人民群众更加满意的现代服务业的战略目标。水利部发布的《关于加强水利风景区建设与管理工作的通知》有效促进了水利旅游快速健康发展。2013 年，水利部发布的《水利部关于进一步做好水利风景区工作的若干意见》充分认识到水利风景区是水生态文明建设的重要内容。近年来，水利旅游的文化效益、生态效益等更是集中得到体现。

（2）当地政策支持。旅游业对社会经济的拉动作用相当明显。风景区的规划及建设工作得到县委县政府的高度重视和资金的大力支持，从而对后续进一步优化风景区旅游产品体系和旅游服务设施起到积极推动作用，这些均为风景区旅游发展提供了良好机遇。

**4. 挑战（challenges）**

浙江省内水利风景区竞争激烈。风景区处于江南地区诸多水利风景区的阴影覆盖区内，受其他水利风景区的屏蔽作用强。且在鱼鳞海塘水利风景区正在完善旅游服务设施的同时，许多已发展至成熟期的风景区纷纷进行了旅游产品的升级换代，并在客源市场留下良好口碑。

通过以上分析，鱼鳞海塘水利风景区开发面临"机遇与挑战并存，希望与困难同在"的形势。在旅游规划的制定中，应以国家宏观政策为背景，以社会人口结构演进为依托，把握时代发展趋势，采取创新、可持续发展思维，明确风景区有别于其他水利风景区和旅游目的地的种种优势，明确市场定位和产品开发方向，深度挖掘潜在客流市场，迅速着手旅游开发的各项工作，才能在竞争中脱颖而出，走上科学发展道路。

#### 5.3.2.4 风景资源总结

景区内有展现古海塘科技文化、塘工造海塘等地方文化特色的海塘文化公园；有展现海盐盐田文化、水运文化、与海和倭寇抗争的海塘文化等融入历史文化特色的海滨公园；有被誉为全国十大名园之一的绮园；有绿树成荫，林草覆盖率高，融入了生态河道治理理念的白洋河；有明代水利科学家黄光升首创的鱼鳞石塘和高大雄伟的现代海塘；有历经沧桑岁月的靖海门，有看海、听海的潮音阁，有高山流水遇知音的凄婉动人的传说故事；有被誉为中国十大园林之一的绮园；有中国明代四大声腔之一的"海盐腔"、具有江南韵味的地方神曲"海盐文书"、国家级非物质文化遗产"海盐滚灯"、流传于神州大地千百年的海盐劳动文化精华"塘工号子"、以虎文化为代表的海盐地方文化品牌"老虎嗒蝴蝶"、集海盐地方佛、道两教文化为一体的舞蹈"五梅花"等民间民俗文化。规划利用现有的旅游风景资源，特别是海滨公园展现的历史文化，在此基础上将资源进行整合、提升，建设水利风景区。

### 5.3.3  市场分析

#### 5.3.3.1  客源市场分析

**1. 客源市场发展现状**

（1）我国旅游市场发展现状。2016 年，国内旅游、入境旅游稳步增长，出境旅游理性发展。国内旅游 44.4 亿人次，比上年同期增长 11.0%；入出境旅游 2.6 亿人次，增长 3.9%；全年实现旅游总收入 4.69 万亿元，增长 13.6%。入境旅游人数 1.38 亿人次，比上年同期增长 3.8%。其中：外国人 2815 万人次，增长 8.3%；香港同胞 8106 万人次，增长 2.0%；澳门同胞 2350 万人次，增长 2.7%；台湾同胞 573 万人次，增长 4.2%。中国国内旅游、出境旅游人次和国内旅游消费、境外旅游消费均列世界第一。国家旅游数据中心测算数据则显示，我国旅游就业人数占总就业人数 10.2%。

《中华人民共和国国民经济和社会发展第十三个五年规划纲要》指出，加大风景名胜区、湿地公园等保护力度，加强林区道路等基础设施建设，适度开发公众休闲、旅游观光、生态康养服务和产品；加快城乡绿道、郊野公园等城乡生态基础设施建设；打造生态体验精品线路，拓展绿色宜人的生态空间。随着《国务院关于促进旅游业改革发展的若干意见》深入落实，我国旅游业进入全面转型和升级阶段，将迎来发展的黄金时期。

（2）长三角旅游市场发展现状。长三角地区旅游产业综合实力强，组织化程度高。本地区拥有 25 个中国优秀旅游城市，48 个国家 4A 级旅游区（点），有占内地总量二成左右的旅行社，三地旅游指标均排在全国的前五位。2015 年沪苏浙两省一市旅游业总收入为 19500 亿元，占全国旅游业总收入比重为 48.75%。

随着人们可支配收入的增加、三地交通网络的发展，长三角成为我国旅游业转型的"先遣部队"。据相关市场调查，目前该地区市场主体为以企业管理人员、学生、公务员、事业单位人员、专业技术人员和个体工商户、私营业主为代表的、文化程度较高的中青年消费者以及与这一群体紧密相关的家庭旅游消费群。旅游目的以观光游览、休闲旅游比例较大，比重约 60%。

（3）海盐旅游市场发展现状。2016 年海盐旅游业快速增长。全年接待国内外游客 713 万人次，比上年增长 20.3%。其中国内游客 710 万人次，增长 20.0%；境外入境人数

30078 人次，比上年增长 196.2％。全年旅游总收入 64.38 亿元，比上年增长 21.3％。其中，国内旅游收入 63.44 亿元，比上年增长 20.1％；旅游外汇收入 1428 万美元，比上年增长 195.8％，武原街道接待游客 116.57 万人次，同比增长 23.32％。根据国内旅游抽样调查显示，2016 年来盐游客中有 85％来自江苏、浙江、上海，其中浙江占 41％、江苏占 13％、上海占 30％。目前，海盐有南北湖 4A 级景区、绮园 4A 级景区、万奥农庄 3A 级景区。城区已有海盐海利开元名都大酒店、海盐杭州湾大酒店、海盐宾馆、海盐国际大厦、新天地大酒店等。其中杭州湾大酒店是四星级宾馆，五星级标准宾馆是海盐海利开元名都大酒店。共有旅行社 10 家，包括滨海新城旅行社、南北湖旅游公司、东方旅游公司、春秋旅行社、云龙旅行社、申港旅行社、阳光假日旅行社、辰信旅行社、金色假期旅行社、百盛旅行社等，其中春秋旅行社为四星级旅行社，云龙旅行社和南北湖旅游公司为三星级旅行社。海盐旅游业正处于加速发展转型时期，为武原街道和鱼鳞海塘水利风景区旅游的发展提供了难得的市场机遇。

　　**2. 客源市场发展趋势**

　　（1）国民休闲需求走强，旅游市场进入"后观光时代"。作为世界第二大经济体，我国人均 GDP 已超过 5000 美元，公共假期已有 115 天，达到中等发达国家水平。居民消费结构呈现富裕型特征，旅游休闲需求走强。2013 年，国务院批准发布《国民旅游休闲纲要》，明确提出落实职工带薪休假制度，从国家政策和制度上保障了国民旅游休闲时间。人们的旅游需求从传统的观光旅游向休闲旅游、度假旅游、体验旅游、乡村旅游等新型、多业态、多形式旅游转变。旅游市场已进入"后观光时代"。

　　（2）文化创意引领新风尚，旅游消费结构升级。2014 年，国务院发布了《关于文化创意和设计服务相关产业融合发展的若干意见》，指出以文化提升旅游的内涵质量，以旅游扩大文化的传播消费。文化旅游产业成为挖掘地方文化、完善旅游产业、促进经济结构调整、撬动地方经济腾飞的重要发展方向。同时也引领旅游消费结构从物质消费偏重向精神消费偏重升级。文化旅游产品在旅游消费市场中独占鳌头。

　　（3）散客自助游常态化，专项旅游市场兴起。随着旅游业的发展，旅游者度假休闲需求和出游经验的增加，交通条件的改善及电子商务的崛起，散客游、自助游成为旅游市场主角。近年来，随着私家车的逐渐普及，不少游客的出游方式正在发生变化，2015 年海盐散客人数占总接待人数的七成以上。据相关调查显示，生态旅游市场和特色文化旅游市场兴起，生态休闲旅游占世界旅游业构成的 62％。2015 年，我国文化产业增加值增长 15％以上。鱼鳞海塘水利风景区良好的自然生态环境，厚重的千年海塘治水文化工程和杭州湾区位的独特自然风景与人文景观在全国具有独创性，据此开发生态旅游和特色文化旅游具有广阔前景。

## 5.3.3.2　客源市场定位

　　根据风景区的区位条件、资源价值、市场基础和潜力，考虑旅游地特色文化影响力和旅游市场消费特征，客源市场以国内客源为主，具体市场范围定位如下：

　　（1）基本客源市场。位于沪苏杭地区的海盐、嘉兴、上海、湖州、苏州、杭州、绍兴、宁波等城市的旅游者为基本的旅游市场。

　　（2）拓展客源市场。以长三角洲地区为主的华东地区旅游市场。

（3）潜在客源市场。京津唐、珠三角等经济发达且交通方便的国内其他重要客源市场。

### 5.3.3.3　客源市场预测

2016 年，武原街道的绮园接待游客 116.57 万人次，同比增长 15％。海塘距离绮园较近，交通便利，景区内基础设施与旅游接待设施相对完善，在保证风景区水利资源和生态环境全面保护、利用开发的基础上，2016 年风景区客源市场基数为 116.57 万人次（表 5-11）。

表 5-11　　　　　　　　　　　　　　　客 源 市 场 预 测

| 预测时间 | 2016 年（基准年） | 2020 年（近期） | 2025 年（远期） |
| --- | --- | --- | --- |
| 年均增长率/％ | — | 15 | 10 |
| 旅游者总数/万人次 | 116.57 | 203.88 | 328.35 |

根据海盐县每年增长的速率进行客源市场预测，估算风景区旅游人数在规划近、远期的年均增长率分别为 15％和 10％，得到不同发展阶段鱼鳞海塘水利风景区旅游市场规模。风景区旅游人数近、远期的年均增长率见图 5-86，近、远期的旅游人数见图 5-87。

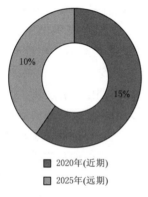

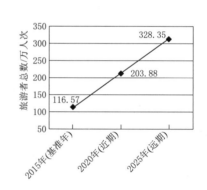

图 5-86　风景区旅游人数近、远期的年均增长率　　图 5-87　风景区近、远期的旅游人数

## 5.3.4　规划定位与目标

### 5.3.4.1　总体定位

海盐鱼鳞海塘水利风景区以鱼鳞海塘和现代海塘为骨架，以 4A 级绮园景区和白洋河湿地为依托，以历史文化为底蕴，以人水和谐为主题，以江南滨海治水为亮点，融水利科普、文化体验、休闲度假、观光购物等多元素为一体的综合型、生态化的具有滨海特色的国家水利风景区。风景区总体定位见图 5-88。它是海盐东部滨海旅游度假区的重要组成部分，是江南滨海治水特色理念的集中展示地，代表现代水利建设发展方向的生态水利样板区，旨在打造成长三角有影响力的"休闲度假胜地"。

### 5.3.4.2　分期目标

1. 近期目标（2017—2020 年）

完善风景区内安全设施、科普设施、服务配套工程，完成串联景点的景观绿道，开发

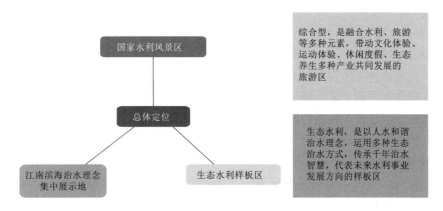

图 5-88 风景区总体定位图

旅游产品，强化旅游功能。构建生态修复与生态治水模式，重点建设鱼鳞海塘景观修复、滨海风情观光带和海塘展览馆。把鱼鳞海塘水利风景区建设成为集观光、休闲、度假等多元素为一体的开放式、综合型、生态化的具有滨海特色的国家水利风景区。

2. 远期目标（2021—2025 年）

建设中央公园、白洋河滨水生态休闲绿廊和湿地亲水区，不断深化生态修复功能，促进生态水利工程与其他产业的融合，增强风景区可持续发展能力，加强风景区与南北湖以及周边知名景区的联动。优化提升风景区内旅游产品档次，吸引中高端旅游目标群体。把鱼鳞海塘水利风景区建设成为海盐甚至嘉兴最具影响力的特色旅游景点之一，集中体现江南滨海特色治水理念的中国知名的生态水利样板区，打造成为长三角有影响力的"休闲度假胜地"。

### 5.3.4.3 形象定位

形象定位：海上长城，华夏第一古海塘。

诠释：风景区所在地武原街道距海塘不足半里，受海潮正面冲击，潮流甚激。千百年来，海盐官民倾其全力与汹涌海潮奋力搏斗，建堤筑塘。无奈海潮过于猛烈，唐、宋、元、明各代曾多次发生海岸大面积崩塌，大片土地沦于海中。台风期间，海水屡屡决堤。黄光升在海盐创筑的五纵五横鱼鳞石塘，塘体结构和施工技术开创了鱼鳞石塘的先河，是我国古代海塘工程建筑技术上的一项突破，取得巨大成功。黄光升所建的鱼鳞海塘至今已有 460 余年历史，在敕海庙至南台头一带巍峨的鱼鳞石塘蜿蜒伸展。鱼鳞海塘是海盐悠久历史文化的见证，亦是海盐人民艰苦卓绝的聪明智慧的精神象征。

鱼鳞海塘和现代高标准海塘是海盐地区的重要屏障，对全县经济社会发展起到至关重要的作用，不仅以其高大坚强的身躯抵御着台风暴潮的侵袭，而且肩负着全县临港产业发展的历史重任。海塘自北向南，贯穿起大桥新区的港口码头建设、县城的滨海新城建设、秦山核电的安全保障建设、南北湖风景和绮园景区的旅游开发建设，发挥了巨大的经济、社会和生态等综合效益，使昔日的荒滩变成了工业区、休闲公园区、旅游观光区，真正成为人民群众的生命线、幸福线、旅游线。

### 5.3.5 规划布局

#### 5.3.5.1 布局原则

1. 协调发展原则

水利风景区建设与旅游开发是一项综合性工程，必须协调好景区内部水利工程、水文资源与其他旅游资源的关系，做到保护与开发并重，充分发挥水利与旅游的双重功能。分区内的景观设计应与该区域的功能和形象保持高度一致。同时，注意布局结构的协调，处理好景区内部分区与周围环境的关系和不同功能分区之间的关系。

2. 系统配置原则

规划布局应充分考虑水利工程设置、水利旅游项目开发、交通组织、产业配置等要素，统一布局，使风景区内各个区域形成相对完整的水利旅游空间，在此基础上，加强不同旅游区域的空间联系，构成一个系统合理的水利旅游空间体系和服务体系，方便旅游者在风景区内旅游活动的组织和开展。

3. 区域联动原则

注重风景区内部点、线、面的联动发展，做到区内古镇与水利联动发展，区域外资源互补多元化发展，做到要素配置在空间上相对完整，景区内项目设置和空间布局避免重复，有机互补。

4. 要素集聚原则

通过对风景区内水利旅游要素的整合、优化和提升，在适宜区域培育水利旅游产业集群，形成集聚效应，有效合理配置水文资源和其他旅游资源，提升鱼鳞海塘水利风景区旅游竞争力。

#### 5.3.5.2 空间布局与功能分区

1. 空间结构分析

景区内的武原街道属杭嘉湖平原水网地区。盐嘉塘、盐平塘、武通港、团结港、白洋河、南台头干河等汇流境内，支流密布，形成河网互通的水系网络，并距海塘不足半里。武原街道具有水系和海塘所围的空间特点，是典型的江南水系，滨海小镇，水道与水面占据了大范围空间，水利工程大多沿岸分布，水道、堤岸和海塘串联，富有江南滨海特色，因而水利堤岸在整个空间布局中起到了关键作用，以线（堤岸、海塘）串点（水利工程与各景点）带面（滨海古镇），串珠成链，形成具有资源集聚效应和文化展示效应的"一带（以鱼鳞海塘和现代海塘为载体的滨海风情观光带）、一区（绮园景区）、六园（海塘文化公园、观海园、闻琴公园、海滨公园、白洋河湿地和中央公园）"的空间结构（图5-89）。

2. 功能分区

在绮园景区已有游客接待服务中心的基础上，根据上述对区域空间结构的分析，为加强鱼鳞海塘水利风景区旅游空间的资源整合，本规划确定风景区为"一带一廊二区一园多点"的布局形态。

（1）一带：指以鱼鳞海塘和现代海塘为载体的滨海风情观光带。

（2）一廊：指白洋河滨水生态休闲绿廊。

（3）二区：

1）文化展示区：依托古镇海滨公园及观海园和海塘文化公园现有的丰富的文化旅游资源，将古镇文化与水文化进行有效融合进行旅游开发。

2）湿地亲水区：依托白洋河湿地公园，一处处亲水景观成为市民和游客休闲、亲近大自然的好去处。

（4）一园：指中央公园，规划建设以"海"为主题的集休闲、运动健身和科普等多种功能的中央公园，生态环境优美，巨大的绿色自然屏障形成滨海城市中央绿肺，展示滨海城市文化与品位。

（5）多点：黄光升雕像及其岸边鱼鳞海塘、潮音阁一带和山水六旗一带的鱼鳞海塘及海塘展览馆。

景区功能分区见图5-90。

图5-89 "一带、一区、六园"的空间结构

图5-90 景区功能分区图

3. 分区规划

（1）滨海风情观光带。

1）规划范围：北起山水六旗，南至海塘文化公园5.728km的海岸带。

2）功能定位：以鱼鳞海塘和现代海塘为载体的滨海风情观光带。

3）主要项目：鱼鳞海塘景观修复、滨海生态慢行步道、滨海绿色骑行道、休憩观景平台和治水亭（图5-91）。

4）规划要点：规划将鱼鳞海塘的景观修复和滨海绿色骑游线路结合起来，并设置休憩观景平台，使游客和本地市民在康体健身的同时，欣赏伟大工程的灵魂与魅力。也可根据市场需求，适时开设观光电瓶车的游览服务，将各节点串联起来。规划要点图见图5-92。

图5-91 骑行道、休憩观景平台和治水亭

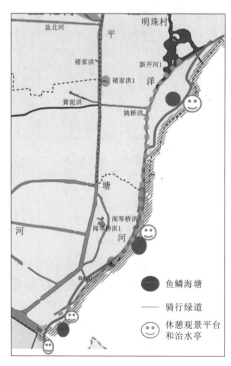

图5-92 规划要点图

（2）白洋河滨水生态休闲绿廊。

1）规划范围：北起海兴东路，南至环城南路以南海塘文化公园的一河两岸。

2）功能定位：慢道亲水休闲、康体健身、文艺品读、旅游体验等功能于一体的滨水生态休闲绿廊，生态水利游览与体验，服务于居民和游客。

3）主要项目：规划建设休闲广场、文化广场、触摸艺术区、生态骑行道和各类游憩设施。

4）规划要点：依托白洋河丰富的生态水利景观，增设亲水休闲广场、文化广场、触摸艺术区、生态骑行道和各类游憩设施等，提升白洋河滨水生态休闲绿廊品位。触摸艺术区是以当地文化名人为情景雕塑和鱼鳞海塘为背景的可触摸唱歌的艺术墙。

（3）文化展示区。

1）规划范围：海滨公园、潮音阁、观海园、南台头至其南岸的海塘文化公园。

2）功能定位：海塘文化公园、观海园、海滨公园中的人文景点、鱼鳞海塘、南台头和潮音阁等古镇文化与水文化的展示区。

3）规划要点：在潮音阁内建设海塘展览馆，展现中国浙西海塘文化，海盐人民不屈不挠、精雕细琢的工匠精神和勇于创新精神，成为中小学生水利科普教育基地和民俗文化展示基地，并结合观海、听潮、品书、茶歇等，对海塘展览馆作综合性的跨界业态融合开发，以迎合市场新常态、新需求。在海塘文化公园设置一道以治水、护塘为主题的文化景墙，将其打造成为具有江南滨海特色、海盐精神的公园。

（4）湿地亲水区。

1）规划范围：位于海滨公园的东侧，湿地公园的东面紧邻着杭州湾，沿着杭州湾的水岸线南北走向，形态成直线，公园总面积90880m²，南北长约1112m，东西长约98m。

2）功能定位：市民和游客亲水、观鸟、赏风景、休闲游览。

3）主要项目：规划建设渔家文化体验区、亲水活动区、植物观赏区和休闲游览区等。亲水活动区效果图见图5-93，湿地亲水区主要项目分布示意图见图5-94。

图5-93 亲水活动区效果图　　　　图5-94 湿地亲水区主要项目分布示意图

4）规划要点：依托湿地公园现有的生态湿地景观，增设渔家文化体验区、亲水活动区、湿地植物观赏区和休闲游览区，使湿地公园成为市民和游客的休闲胜地。

（5）中央公园。

1）规划范围：位于滨海大道与海兴路交叉口处，占地面积19.89hm²，场地北侧与华丰路相邻，南接观海路。

2）功能定位：定位为体现海洋文化及城市滨水生活特色的公园绿地，在展现滨水景观特色和景观优势的同时更好地与群众的生活相结合，体现城市生活气息，同时突出海盐当地特色，展现海盐悠久的海洋文化历史，着重突出景观的地域性与文化内涵。

3）主要项目：规划建设"海之浪""海之风""海之岛"三大入口，内部设置科普观光、嬉戏活动、水上运动、阳光草坪、街市休闲五个区（图5-95）。科普观光区包括"海之风""海之贝""海之岛"三个景观片区；嬉戏活动区是亲子活动与青少年活动集中区，并考虑老年人交流、晨练的功能需要；水上运动区包括喷泉涉水区、湖中游船等水上运动；阳光草坪区为主要的户外草坪活动区；街市休闲区主要由时尚水街组成。

4）规划要点：以"梦圆滨海，花开水城"为主题，通过设计布局充分体现海盐深厚的文化积淀以及蓬勃的城市活力，以"梦"为主线，以"花"为载体，合理布局功能分

图 5-95　中央公园五个区平面布置图

区，打造人性化的景观体验，满足不同人群观光、休闲、聚会、健体、亲子等多方面需求。景观围绕中央水体梦湖展开，突出"海盐梦"的中心思想，展现现代海盐城市活力与文化内涵。引入花朵形象，象征海盐蓬勃发展的城市气象和绚丽多彩的人民生活，呼应"花开水城"的主旨，提升海盐的城市形象和城市知名度，成为展示海盐城市生活、城市形象、城市文化的窗口，成为开展城市旅游，满足游客全年龄、全天候各项休闲活动的综合性公园。

### 5.3.6　重点项目策划

#### 5.3.6.1　开发思路

围绕国家水利风景区建设和升级的要求，遵循"整合与开发并重，优化与创新同步"的开发方针，在有效梳理风景区内旅游资源的基础上，以"生态修复、人水和谐"为主题，创新开发水利旅游项目，整合水利工程、河道、滨海古镇与历史文化遗迹等各种旅游资源，培育生态游憩、休闲度假、科普教育等特色旅游产品。

#### 5.3.6.2　重点项目

滨海古镇拥有 1000 多年历史，旅游资源开发较早，相对成熟。海盐县政府正在积极规划建设中央公园，故非本次规划重点。综合分析鱼鳞海塘水利风景区所在武原街道的资源与区位条件，确定风景区重点开发海塘文化公园、滨海风情观光带、白洋河滨水生态休闲绿廊、湿地亲水区。

1. 滨海风情观光带

（1）鱼鳞海塘景观修复。位于海盐县境内的杭州湾古海塘保障了海盐县的安澜，其具有相当高的历史地位。明代著名的水利学家黄光升所提出的五纵五横鱼鳞海塘的建塘模式成为中国古代工程建筑史上的经典。规划修复观海园、赖海庙、山水六旗古海塘的景观，建议配套建设观景台，展现前人抵御潮水的高超建筑技术，以及海盐沧海桑田般的江道变迁，海塘捍卫这一方水土的安宁和海盐人民顽强不屈、勇于开拓、自强不息的精神。观海园鱼鳞海塘见图5-96。

图5-96 观海园鱼鳞海塘

（2）休憩观景平台和治水亭。建议在山水六旗、观海园、海塘文化公园建设休憩观景平台，并结合治水亭与滨海生态慢行步道、滨海绿色骑游线路，使游客和本地市民在康体健身的同时，领略中国古代伟大水利工程古海塘和现代海塘的灵魂与魅力，了解海盐治水名人的治水故事。在海塘文化公园、山水六旗设置自行车租赁点，同时也可根据市场需求，适时开设观光电瓶车的游览服务，将各节点串联起来。休憩观景平台效果图见图5-97。

（a）休憩观景平台效果图一

（b）休憩观景平台效果图二

图5-97 休憩观景平台效果图

2. 白洋河滨水生态休闲绿廊

依托白洋河丰富的生态水利景观，增设的项目有亲水休闲广场、文化广场、触摸艺术区、各类游憩设施和展示徐用福治水的理水阁（图 5-98）。

（a）亲水休闲广场

（b）文化广场

（c）触摸艺术区

（d）徐用福治水展示

图 5-98　白洋河滨水生态休闲绿廊增设的工程项目

（1）重点项目。重点项目包括亲水休闲广场、文化广场、触摸艺术区和徐用福治水展示等，如图 5-98 所示。触摸艺术区有以当地文化名人为情景雕塑和以鱼鳞海塘为背景的可触摸唱歌的艺术墙，并且结合现有的生态骑行道等，以提升白洋河滨水生态休闲绿廊品位。

（2）一般项目。一般项目包括增设公共自行车租赁服务点、休息亭、休息椅等，效果图见图 5-99。

（a）自行车租赁

（b）休息亭、休息椅

图 5-99　增设的一般项目效果图

3. 文化展示区

海塘文化公园和潮音阁紧邻南台头泄洪闸、观海园、海滨公园、白洋河湿地公园。生态治水工程与鱼鳞海塘重要旅游资源集聚周边。规划是近期重点开发地块。

（1）重点项目。

1）海塘文化公园入口景观。围墙应突出景区最具特色的鱼鳞石塘，大门中间设置鱼鳞海塘水利风景区的醒目标志，整体造型传达景区的主题意境，并能方便游客拍照留念。海塘文化公园入口景观效果见图5-100。

图5-100　海塘文化公园入口景观效果图

2）海塘文化公园休闲长廊。在公园的北面和南面建设两个休闲长廊，供游人停留休息、赏景、遮阳、避雨。海塘文化公园休闲长廊效果图见图5-101，平面图见图5-102。

图5-101　海塘文化公园休闲长廊效果图

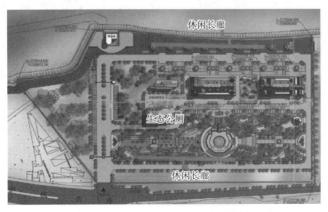

图5-102　海塘文化公园休闲长廊平面图

3）海塘展览馆。在潮音阁内建设海塘展览馆。通过高科技影像技术或者实体模型等展示中国浙西海塘文化、妈祖护航、海塘科技文化、塘工造海塘、盐文化和南台头水利科技文化等；展现海盐人民不屈不挠、精雕细琢的工匠精神和创新，成为中小学生水利科普教育基地和民俗文化展示基地，并结合观海、听潮、品书、茶歇等，对海塘展览馆作综合性的跨界业态融合开发，以迎合市场新常态、新需求。

（2）一般项目。在不破坏景区环境的前提下，改造提升现有的接待中心、生态公厕、文化墙，升级配套设施服务功能，打造一个愉悦、放松、卫生的环境，满足游客对旅游品质的需求。文化墙效果图见图 5-103。

图 5-103　文化墙效果图

4. 湿地亲水区

增设亲水活动区、湿地植物观赏区、渔家文化体验区和休闲游览区，使湿地公园成为市民和游客的休闲胜地。亲水活动区、渔家文化体验区和湿地植物观赏区效果图见图 5-104。

（a）亲水活动区效果图

（b）湿地植物观赏区效果图一

（c）湿地植物观赏区效果图二

（d）渔家文化体验区效果图

图 5-104　亲水活动区、渔家文化体验区和湿地植物观赏区效果图

5. 中央公园

中央公园是以"海"为主题的集休闲、运动健身和科普等多种功能的公园。规划建设

"海之浪""海之风""海之岛"三大入口，内部设置科普观光、嬉戏活动、水上运动、阳光草坪、街市休闲五个区。科普观光区包括"海之风""海之贝""海之岛"三个景观片区；嬉戏活动区是亲子活动与青少年活动集中区，并考虑老年人交流、晨练的功能需要；水上运动区包括喷泉涉水区、湖中游船等水上运动；阳光草坪区为主要的户外草坪活动区；街市休闲区主要由时尚水街组成。中央公园鸟瞰效果图见图 5-105。

图 5-105　中央公园鸟瞰效果图

　　以上具体景区项目分布总平面图见图 5-106。

图 5-106　景区项目分布总平面图

### 5.3.6.3　项目开发时序

项目开发时序与功能分区见表 5-12。

表 5-12　项目开发时序与功能分区

| 时　序 | 功 能 分 区 | 项　目　名　称 |
|---|---|---|
| 近期<br>（2017—2020） | 滨海风情观光带 | 鱼鳞海塘景观修复、休憩观景平台和治水亭、自行车租赁点 |
| | 文化展示区 | 海塘文化公园入口景观、休闲长廊、升级改造生态公厕和文化墙、升级配套设施服务功能；潮音阁海塘展览馆 |
| 远期<br>（2021—2025） | 白洋河滨水生态休闲绿廊 | 亲水休闲广场、文化广场、触摸艺术区、理水阁等各类景观和各类游憩设施 |
| | 湿地亲水区 | 渔家文化体验区、亲水活动区、湿地植物观赏区和休闲游览区 |
| | 中央公园 | 以"海"为主题的集休闲、运动健身和科普等多种功能的中央公园 |

景区分期建设规划见图 5-107。

图 5-107　景区分期建设规划图

### 5.3.7 风景区环境容量测算

#### 5.3.7.1 测算原则

合理的游客容量，必须符合在旅游活动中，在保护旅游资源质量不下降和生态环境不退化的条件下，取得最佳经济效益的要求；合理的游客容量应满足游客舒适、安全、卫生、方便、快捷的旅游需要。

#### 5.3.7.2 测算方法

环境容量的测算一般有面积法、线路法、卡口法三种。鉴于鱼鳞海塘水利风景区以水利科普、文化体验、运动拓展、休闲度假、滨海养生、观光购物等多元素为主，结合项目的设置及游览方式安排，确定风景区环境容量以线路法和面积法的测算为主；对住宿设施、餐饮设施环境容量则采用卡口法测算。

#### 5.3.7.3 环境容量测算

参照整个景区区域的规划设计，鱼鳞海塘水利风景区目前主要通过景区内白洋河生态湿地公园、海滨公园、观海园、海塘文化公园来招揽游客，因此环境容量的测算建议采用面积法。景区范围可游面积约 2km²，按单位指标 100m²/人，瞬时游客最高达 20000 人。

从生态适宜、游客舒适的角度考虑，规划建议按日周转率为 2，每年可游天数 300 天，年最大游客容量为 1200 万人。

### 5.3.8 风景区专项规划

#### 5.3.8.1 水资源保护规划

1. 规划原则

（1）统筹发展的原则。大力推进管理体制改革，积极探索和建立适应市场经济规律和水资源可持续利用的水利一体化管理体制。防洪、水源、供水、节水、水资源保护等涉水事务统一管理，实现城乡水利一体化，使水资源开发、利用、治理、配置、节约、保护相统一，促进水资源可持续利用，保障社会经济可持续发展。

（2）以人为本的原则。坚持以人为本，人与自然和谐的原则。以发挥工程防洪效益为前提，以提高人民群众生活水平和建设健康生态环境为目标，在满足工程主体功能的前提下，协调人与自然的关系，最大限度地兼顾人民的需求。要以人为本，体现人文关怀。一是以游客为本，为游客提供喜闻乐见的产品，满足其愉悦身心的需要，保证其人身的安全；二是以当地居民为本，为其提高经济收入、改变生活和居住条件、增加就业提供帮助；三是以风景区的职工为本，扩大其收入来源。

（3）服务水利的原则。保证水工程的安全，保证河、湖、库、渠等水域（水体）的功能和各项效益的充分发挥，保护和改善生态环境，实现水资源的可持续利用。充分考虑利用可靠的设施和手段保证服务质量，保证游人和工作人员的安全。适当限制游人的数量，保障水生态环境和水工程的正常运营，水工程核心区域、泄洪期间禁止游人的进入，游客可在设有栏杆的岸边观看水闸。

（4）多重价值的原则。水利风景区具有保护水资源、发展水利旅游、水土保持等多种功能和价值。风景区功能和价值的多样性决定了在进行旅游开发的过程中要综合考虑多种因素，兼顾多种利益，包容多种业态，不能由于旅游开发而削弱或剥离风景区的其他价值和作用。

2. 水污染防治措施

（1）加强河流综合治理。加快区域内河流的综合治理，同时开展几个方面的工作，首先是污水收集处理系统的完善，通过这项工作，可以截流绝大部分的点源、部分面源，大大降低直排入河的污染物总量；其次是做好河道综合整治、河流水质净化。河流综合整治的内容除了沿河截污外，还包括垃圾清理、河道整砌、底泥疏浚、人工增氧及景观设计，实施河道综合整治能使河道面貌在短时间内焕然一新。

（2）完善污水收集处理系统。按照集中处理与分散处理相结合的思路，从城市排水管网出发，兼顾环境效益和可操作性，注重排水系统的最大收集率和污染物去除率，排水体制近期可以执行合流制与分流制并存的原则；有条件的可同时实施沿河截污，确保河流不受污染；对于城区的合流制系统，应在污水截排的基础上逐步实施分流制改造，同时实施沿河截污，最大程度将点源、面源污染截流入污水处理厂处理，减少对区内水域的污染。

（3）推广使用水生态修复技术。水生态修复技术原理就是利用培养的生物或培育、接种的微生物的生命活动，对水中污染物进行转移、转化及降解作用，从而使水体得到恢复。这种技术是对自然界自我恢复能力、自净能力的一种强化，工程造价低、运行成本低、治污效果好，应用前景广阔。

（4）加强水环境监管。健全现有的水环境监控制度，定期发布白洋河、南台头干河水质监测信息。制定区域水质达标实施方案，严格依法执行排污口关停、垃圾处理、水产与畜禽养殖等各项管理措施，坚决取缔风景区内的直接排污口，严防养殖业污染水源，禁止有毒有害物质进入河道中。建立水质污染应急方案。对威胁水质安全的重点污染源要逐一建立应急预案，建立水质的污染来源预警、水质安全应急处理的应急保障体系。

### 5.3.8.2　水生态环境保护与修复规划

保护水生态环境就是对水体及涉水部分进行保护，包括保护水量水质，防治水污染，使其质量不再下降；同时保护水系和河流的自然形态，保护水中生物及其多样性，保护水生物群落结构，保护本地物种，保护生物栖息地。对已经退化或受到损害的水生态环境采取工程技术措施进行修复，遏制退化趋势，使其转向良性循环。水生态环境保护和修复的工程技术措施应是综合性的，可利用现有的湿地或建设湿地保护区、水土保持、水污染防治（控制点源和非点源等）、清除内污染源（受污染的淤泥二次释放，还有藻类和其他水生物残体等）、采用科学调水、引水冲污、河道整治、水系调整、建设江河湖泊生态护坡护岸工程、滨水生态隔离带工程（包括滨水景观绿化带）、河道曝气、前置库等各项工程技术措施，进行合理选配。目的是要起到削减污染物产生量和进入水体量、提高水体自净能力的作用，增加水环境容量，改善水质，使水生态环境进入良性循环。同时要有相应的保障措施配套，确保工程技术措施的全面实施，发挥其最大的水生态环境保护与修复效果。

风景区应传承并进一步强化生态治水理念，采用生态仿生方法进行河道清淤，打造生态绿廊、亲水堤岸；以保持低洼地形，保护原有植被，保留生态河道为原则，以突出生态和自然景观为特色，注重原生态的开发、利用景观自我修复功能，整合鱼塘水域资源，通过理水筑岛的手法，将亭、轩、景观桥等具有江南特色的园林建筑、丰富的乡土树种及湿地植物融入整个环境中。

全面应用生态护坡，采用草皮护坡、圆木桩护岸等形式，尽可能为水生植物的生长、水生动物的繁育和栖息创造条件，营造自然优美的天然水景。采用措施增加水的流速，加快水体净化功能。

此外，还应加强生态知识的普及和宣传。政府、社会组织以及新闻媒体都应发挥积极作用，提高人民的生态意识，调动群众参与热情，让全民自觉主动参与到生态建设上来。

### 5.3.8.3 水土保持规划

1. 规划原则

为实现鱼鳞海塘水利风景区可持续发展，确保风景区的长治久安，确保水资源长期稳定，坚持预防为主，人工治理与生态修复相结合为原则，统筹规划，突出重点，制定措施，分步实施，注重实效。

2. 治理措施

（1）生态修复。加强生态修复，保护天然植被，维护和改善景区自然生态环境。

（2）布设综合防护措施。通过综合防治措施的布设，如水土保持林和经济林、人工种草、生态修复等，对水土流失进行综合防护。在白洋河、南台头干河堤岸裸露面沿岸坡种植生态植被，丰富岸堤植物群落，增强岸堤防洪防塌能力。根据不同类型区的立地条件和气候选择树种，在江河沿岸营造水保林，保持水土，促进生态平衡。

（3）加大水土保持宣传力度。依法保护生态环境，防止人为水土流失，是水利风景区开发建设的重要任务。要加强水土保持相关法律、法规及普及知识宣传教育，开展水土保持日，水土保持宣传周、宣传日等活动，利用各种宣传工具和媒体向社会、单位和个人宣传水土保持的重要性，增强全民水土保持意识和法制观念。

（4）建立和完善预防监督体系。建立监督机构，配备专职人员，制订和实施各种预防保护、监督执法配套法规和办法，编制工程水保方案，同时对导致水土流失的开发建设行为收取水土流失防治费、补偿费，制止人为破坏，保护和巩固治理开发成果。

### 5.3.8.4 典型景观规划

根据鱼鳞水利风景区内的风景资源，尊重和保护自然文化遗存，挖掘和弘扬地方文化特色，合理利用景观元素，塑造特色景观。

1. 鱼鳞海塘景观修复

规划修复观海园、赖海庙、山水六旗古海塘的景观，建议配套建设观景台。让游客欣赏前人抵御潮水的高超建筑技术，感受海盐沧海桑田般的江道变迁以及塘工们精雕细琢的工匠精神，体会海塘捍卫这一方水土的安宁和海盐人民顽强不屈、勇于开拓、自强不息的精神。

2. 休憩观景平台和治水亭

建议在山水六旗、观海园、海塘文化公园建设休憩观景平台，并结合治水亭了解海盐治水名人的治水故事，传承治水精神。休憩观景平台和治水亭效果图见图 5 - 108。

3. 海塘展览馆

集声、光、电于一体，运用生动的展板、立体的雕塑、动感的影像、形象的模型，把

图 5-108   休憩观景平台和治水亭效果图

参观者带入人与水的理性和谐的思考之中，通过高科技展示妈祖护航、海塘科技文化、塘工造海塘、盐文化和南台头水利科技文化展示等。集中对黄光升、钱镠、杨瑄、李卫、徐用福等水利名人治水历史进行生动的展示，让游客了解具有滨海特色的江南水文化。展现海盐人民不屈不挠、精雕细琢的工匠精神，使其成为中小学生水利科普教育基地和民俗文化的展示基地，推动水利和水文化工作更好地为经济社会可持续发展提供可行的保障。

### 5.3.8.5   交通与游线组织规划

1. 交通组织

风景区内部交通采用内外换乘不同交通工具的定点集中换乘方式，以避免把区域性大交通引入风景区内部。同时考虑水质保护问题，在核心保护区严格限制机动交通，以自行车和步行作为主要交通方式。风景区交通网络由出入口停车场和道路组成。

（1）停车场。在绮园景区、海塘文化公园、海滨公园、滨海城市中央公园布置若干生态停车场。

（2）骑行和步行体系。将自行车和步行作为风景区中的主要游览性交通设施。在主要出入口设旅游自行车出租点，骑行道和步道共同穿行于滨海风情观光带、白洋河滨水生态休闲绿廊沿线及主要道路两侧，景观游道宽度为 3~5m，以滨水地带为重点，与堤岸的设计相结合，并充分考虑有人行进与驻留过程中的亲水需求。自行车道和滨水步道有机结合，呈曲线形游离于绿地系统之中，同时还与各个休闲旅游设施相连接。景区道路交通慢行规划图见图 5-109。

2. 游线规划

（1）景区外游线。

1）南北方向：环城南路以南（南台头南侧）—鱼鳞海塘水利风景区—盐北路。

2）东西方向：盐平塘以东—鱼鳞海塘水利风景区—海塘。

（2）景区内游线：绮园景区游客接待中心—绮园、绮园文化广场、海盐博物馆、张乐平纪念馆—张元济纪念馆—海塘文化公园地雕、实物雕塑、墙雕海塘文化展示—文化墙—南台头排水泵站—南台头闸—观海园（鱼鳞海塘、黄光升塑像、现代海塘）—潮音阁—闻

图 5-109 景区道路交通慢行规划图

琴园—海滨公园—白洋河湿地公园—中央公园。

景区游览组织图见图 5-110。

#### 5.3.8.6 旅游服务设施规划

风景区内全面建设有利于旅游休闲便利、舒适、安全的环境与设施，如公共洗手间、旅游信息说明板、休憩亭、休息长廊、小售卖服务点、医疗救护站、保安岗等，并在停车场安装电动汽车系统电桩。在布局上，这些便民设施主要在风景区内建设，充分利用现状地形条件和植被条件，集中布置与分散布置相结合。在设计上，这些便民设施要求主题鲜明与统一，体现风景区的生态特色。在内容上，则视设置地点而进行不同的组合。

住宿、餐饮、娱乐、休闲、购物等服务设施在绮园景区中心接待区进行设置和引导。停车场应有专人进行管理，服务区污染物的处理应符合环保要求。

应加强智慧水利风景区建设，景区实现智能导游、电子讲解、实时信息推送等服务，

图 5-110 景区游览组织图

包括景区微信公众号、手机 APP 和二维码自助语音导览系统的开发，游客可以通过手机扫描二维码的方式获得景区的信息和免费收听语音导游讲解。应实时更新应用模块的数据，让广大游客通过该平台实时获取景区旅游资讯、攻略等旅游信息，特别是手机景点导航及虚拟全景等功能，将极大方便外地游客精准获取景区景点的信息。

### 5.3.8.7 安全保障规划

1. 河道防洪规划

河道防洪规划以《中华人民共和国水法》和《中华人民共和国防洪法》为依据，健全、提高与武原街道及周边地区经济发展和景观环境建设相适应的防洪减灾系统，妥善处理超额洪水，增强河道防洪减灾能力，保障经济发展和社会安全，降低洪水对生态环境的破坏。

规划建设海盐县古荡河流域治理城东片区，该区块治理突出生态和景观营造，以清淤疏浚、打通断头河、新建水闸，以闸站、水系连通为主，配以生态护岸、水生植物，存进水体流动、改善水体水质，结合生产生活需求，营造沿湖、沿河水景观带，彰显江南水乡特色。增强城东片区水利综合保障能力,改造水环境,营造水景观,提升生态文明水平,促进人水和谐,投资估算 2 亿元。

2.安全防护规划

(1)旅游安全预警措施。在桥梁两侧、驳岸边以及挡墙或者台地高差超过 1m 时,应设不低于 1.1m 的防护栏。在自然缓坡驳岸、块石驳岸以及复合生态驳岸等岸边应设安全警示牌。

随着智慧旅游的不断普及,利用微博、景区 LED 显示屏、新闻广播等及时发布旅游安全信息,景区要和政府部门、安全救护部门以及相关媒体宣传部门时时联系,确保信息传递通畅。

(2)旅游卫生消防设施。认真执行、全面落实交通、劳动、质量监督、旅游等有关部门制定和颁布的安全法规,建立完善的安全保卫制度。定点合理设置厕所、垃圾箱、医务室、灭火器等设施。厕所需设置方便老年人和残疾人等特殊人士使用的卫生单间。风景区内各景点设置无障碍设施。

(3)旅游安全救援系统。旅游部门与通信部门、电力部门、公安部门、交通部门、医院、保险部门以及 110、120、119 等救援部门形成安全信息网络系统,一旦发生安全事故,能及时进行救援。同时,在景区范围内需要设置临时医疗救护点,配备具有资格的救援人员,应在海塘文化公园、观海园、中央公园等适当布点应急电源,方便进行第一时间的救援行动。景区服务和配套基础设施规划图见图 5-111。

### 5.3.8.8 标识系统与解说规划

1.标识系统规划

目前鱼鳞海塘水利风景区内的海塘文化公园、海滨公园等景区有比较完善的标识系统,但是风格不统一。有的标识系统外观缺乏水文化特色,标识牌设置的位置、大小和方向没有充分考虑观赏者的舒适度和审美要求,破损的标识牌没有及时修缮。

旅游标识规划原则应遵循规范性、连续性、可读性、人性化和环境美学(生态美学)、地方特色、参与性等原则,即景区标识应设置在游客容易发现、方便使用的地方,如有多处适合的地点,应选择最需要解说、最能吸引游客的地点。应从历史和传统因素、地域风貌和文化特点、使用者的认同程度、视觉效果及制作工艺、国际规范等方面切入标识的设计,会增加游客的游兴,并对环境留下较深的印象。

(1)等级形象性标牌。等级形象性标牌反映了一个景区的等级,是风景区的"身份象征"和形象标志。因此应规划设计"鱼鳞海塘水利风景区"标识牌,体现鱼鳞海塘特色,设置在风景区主入口大门处,形成风景区的形象标识,同时也可以为游客提供拍照留念的场所。

(2)导向指示性标牌。导向指示性标牌用于提供路线指南、服务向导,让游客对景区的资源、景观、路线和服务点一目了然,帮助他们寻找目标。规划设计侧重于景区景点指示、游览线路、服务设施。这类标牌设置在旅游景区的入口和游览线路上,可以分为全景导游牌、线路导引牌、设施服务牌。

1)全景导游牌。全景导游牌设置在风景区的大门及游客中心,同时在风景区内主要道路旁侧设立标明所在位置的导游图,它除了包含一个全景区的鸟瞰图、旅游线路图、景

图 5-111　景区服务和配套基础设施规划图

点介绍应有的内容外，还会用一个特殊的图形表示游客的位置，帮助旅游者快速确定自己的位置，并获得自己所需要的信息。

2）线路导引牌。线路导引牌向旅游者清晰、直接地表示出方向、前方目标、距离、旅行时间等要素，有时可以包含一个或多个目标地的信息。线路导引牌一般设在观光游览线路和景点边上。

3）设施服务牌。设施服务牌主要用来指示、引导车站、停车场等交通设施，宾馆、旅馆等接待设施，游客中心、展览、商店、餐饮、医疗等服务设施，娱乐、健身、康复、体育等游娱设施，以及其他相关设施的标牌。一般设置在游客集散中心、交通节点等处。

（3）提示警示性标牌。在游道的岔路口或有可能出现安全问题的地段，或提请游客应特别注意的地方设置此种标牌。这类标牌又可以分为提示性标牌和警示性标牌。

1）提示性标牌。揭示景区规章制度，规范游客行为。设置在休息点与主要出入口等游客比较集中、难以回避的地点。通过这类标牌，提醒游客注意自己的责任，使游客的行为符合水利生态旅游的原则。标牌的内容明确清楚，措辞明确、一目了然。

2）警示性标牌。警示性标牌是既告知游客各种安全注意事项，又禁止游客各种不良行为的牌示。此种牌示颜色多鲜艳，以"游客须知""注意事项"等形式设立多处安全、警告牌示。

（4）趣味教育性标牌。水利风景区是一个提倡水资源、水环境保护、生态旅游、文明旅游的景区。因此此类标牌主要是宣传环保、生态旅游理念、可持续发展思想，营造人与自然相和谐的旅游氛围，体现人文关怀和自然关怀。其设置地点主要在景区出入口、休息点、观景台等较为显眼、醒目处以及水体等生态系统敏感地域。标牌语言亲切感人，生动有趣，达到陶冶情操，增加环境意识的目的。例如："如果树能说话""小草微微笑，请您旁边绕"，引导游客与自然进行沟通、对话；"除了脚印什么也别留下，除了照片什么都别带走"体现自然关怀。

（5）标识结合景区文化特色。标识系统突出景区特色，发挥标识牌的构景作用。标识作为景区环境和产品的构成要素，应该与景区整体环境相协调，与景区产品相呼应，与景区文化相融合。因此，旅游标识的设计应紧密与鱼鳞海塘水利风景区的"水文化"结合，充分展示景区特色和景区画面的美感。

2. 解说系统规划

（1）交通网络导引解说系统。风景区外部规划在从上海、苏州、杭州通向海盐主干公路两侧设置明显的景区宣传牌、导示标志或导示牌。风景区内部设置游览导游图，清楚详尽地介绍本景区内各景点的分布以及游览线路的组织状况，使游客在心目中对所要游览的景区和重要的景点有一个总体的印象。

（2）旅游景区解说系统。首先要加强风景区导游员、解说员、咨询服务员的培训，要求掌握与景区景点相关的知识和信息，提高服务质量。同时在风景区入口处设置景区解说牌介绍风景区内旅游资源的分布状况和景点的设置状况等，可根据资源现状和游线走向在适当位置设置全景牌示、指路牌示、景点牌示、忠告牌示、服务牌示等。此外，通过在长途汽车、各旅行社、宾馆饭店中建设导游图、导游画册、牌示、幻灯片、语音解说、资料展示柜等多种表现形式，完善解说系统。

（3）接待设施解说系统。接待设施解说系统包括风景区周边各类宾馆、旅馆、餐饮设施、旅游购物等场所的解说系统。在长途汽车、旅行社、宾馆饭店等接待中心设置详细的旅游接待设施解说系统。除随时提供有关接待设施最新信息外，对设施的使用方法、位置、预订等配置要有清晰的说明，同时还应有一些提醒信息，如"小心楼梯""小心地滑""保管好您的财物"等，体现解说系统的人性化。

（4）出版物解说系统。风景区应向游客提供有关风景区的宣传画册等。这些宣传物可供旅游者随身携带，是重要的自助旅游信息支持方式。

### 5.3.8.9　水利科技与水文化传播规划

在海塘文化公园已经建设以景墙、地雕形式来展示塘工、工艺变迁史、筑塘名人、各时期海塘变迁史等的大型雕塑；以实体模型样式来展示不同时期海塘形式的海塘情景雕塑，如柴塘、坡陀塘、条块石塘、鱼鳞石塘；以生态景观为主题的绿化、园路、绿道等休闲系统；建设管理用房、公共厕所、停车场、亮化等配套设施；外侧设置一道以治水、护塘为主题的文化景墙，在起到安全防护作用的同时具有文化宣传意义。

在现有海塘文化展示的基础上，在潮音阁设立海塘展览馆。集声、光、电于一体，运用生动的展板、立体的雕塑、动感的影像、形象的模型，把参观者带入人与水的理性和谐的思考之中，通过高科技展示妈祖护航、古代和现代海塘科技文化、塘工造海塘、盐文化和南台头水利科技文化展示等。集中对黄光升、钱镠、杨瑄、李卫、徐用福等水利名人治水历史进行生动的展示，让游客了解具有滨海特色的江南水文化。展现海盐人民不屈不挠、精雕细琢的工匠精神，打造成为具有江南滨海特色、海盐精神的公园，成为中小学生水利科普教育基地，推动水利和水文化工作更好地为经济社会可持续发展提供可行的保障。

通过对南台头闸和南台头排水泵站工程水利文化植入，赋予闸站水利文化主题，让游客通过闸站游览对水利文化进行了解。

### 5.3.8.10 营销与管理规划

1. 营销规划

营销现状：鱼鳞海塘水利风景区是新规划项目，目前并未对整体项目做市场推广，旅游市场基础较为薄弱。

营销策略：根据 4C 理论，即客户（Customer）、成本（Cost）、便利（Convenience）、沟通（Communication），结合风景区营销实况，确定以下四种营销策略：

（1）广告投放策略。前期形象广告、产品广告并举，树立"鱼鳞海塘，旖旎绮园"的旅游形象，后期以产品广告为主，常出常新，在举办各种节庆活动期间，全面利用广播电视、报纸、户外、网络等媒体，密集、连续发布景区广告，强化游客印象。

（2）网络营销策略。采用信息时代先进的传播媒介，如网络、邮件、微信、微电影等，以实现全媒体的信息传播，保证大众游客的信息获取。

（3）联合营销策略。一方面整合风景区所在县域的所有资源开展营销活动，如将鱼鳞海塘水利风景区与绮园、南北湖进行捆绑宣传、销售。另一方面加强区域旅游营销的理念，进行横向联动。不仅与周边地区同行业间，而且与其他行业也实行联合促销，主动联合周边地区进行捆绑销售，并将自己融入周边地区的旅游网络当中去，特别要加强与杭州、苏州、宁波之间的联系，形成与杭苏宁城市群的旅游联动，融入"长三角"无障碍"一小时旅游圈"之中，分享周边地区已成规模的旅游市场。

2. 管理规划

风景区的管理体制和经营机制保障，要按照政府引导、社会参与、市场化运作的基本原则建立新机制。

（1）鱼鳞海塘水利风景区应成立景区管理专门机构——鱼鳞海塘水利风景区管理委员会，全面负责水利风景区的管理。

（2）后期可引入有经验的旅游运营商来管理，用托管的形式来经营鱼鳞海塘水利风景区，实行政企分离。

（3）制定《鱼鳞海塘水利风景区管理办法》和实施细则，规范企业经营行为和游人的旅游活动。

## 5.3.9 投资估算及效益评价

### 5.3.9.1 分期建设和投资估算

经估算，本次规划建设项目总投资额 4.53 亿元，其中近期投资 2.47 亿元，远期投资 2.06 亿元；4.53 亿元中旅游项目建设投资 2.45 亿元，环境及基础设施建设投资 2.08 亿元，详见表 5-13～表 5-15。

表 5-13 项目分期建设和投资估算表

| 序号 | 项 目 类 别 | 投资额/万元 | | |
|---|---|---|---|---|
| | | 合计 | 近期 | 远期 |
| 1 | 旅游项目建设 | 24500 | 4500 | 20000 |
| 2 | 环境及基础设施建设 | 20800 | 20200 | 600 |
| 总 计 | | 45300 | 24700 | 20600 |

表 5-14 旅游项目分期建设和投资估算表

| 时 序 | 功能分区 | 项 目 名 称 | 投资估算/万元 |
|---|---|---|---|
| 近期<br>（2017—2020 年） | 滨海风情观光带 | 鱼鳞海塘景观修复、休憩观景平台和治水亭、自行车租赁点 | 2000 |
| | 文化展示区 | 海塘文化公园入口景观、休闲长廊、升级改造生态公厕和文化墙、升级配套设施服务功能；潮音阁海塘展览馆 | 2500 |
| 远期<br>（2021—2025 年） | 白洋河滨水生态休闲绿廊 | 亲水休闲广场、文化广场、触摸艺术区、理水阁等各类景观和各类游憩设施 | 1000 |
| | 湿地亲水区 | 渔家文化体验区、亲水活动区和湿地植物观赏区和休闲游览区 | 1000 |
| | 中央公园 | 以"海"为主题的集休闲、运动健身和科普等多种功能的中央公园 | 18000 |
| 总 计 | | | 24500 |

表 5-15 生态环境、基础设施分期建设项目和投资估算表

| 时 序 | 项 目 名 称 | 投资估算/万元 |
|---|---|---|
| 近期<br>（2017—2020 年） | 海盐县古荡河流域综合治理城东片区 | 20000 |
| | 旅游标牌系统建设 | 200 |
| 远期<br>（2021—2025 年） | 安全保障建设工程 | 300 |
| | 景区管理信息系统 | 300 |
| 总 计 | | 20800 |

### 5.3.9.2 效益评价

鱼鳞海塘水利风景区是融水利科普、文化体验、休闲度假、观光购物等多元素为一体的综合型、生态化的具有滨海特色的水利风景区，注重社会效益和生态效益，经济效益次之。

1. 社会效益

海盐县鱼鳞海塘水利风景区建设社会效益显著。风景区建设有利于推进"五水共治"进程；有利于弘扬水文化，宣传水科技，有利于水生态文明建设；有利于调整当地产业结构，发展海滨休闲、度假、观光旅游，改善基础设施和乡村面貌，从而推进美丽乡村建设与滨海新城建设。传统意义上的水利功能主要是防洪灌溉等，实际上它的功能是多元的，水利风景区建设发展水利旅游业，就是在其社会服务功能中增加一个游憩功能，从而让公众更深入、更具体地了解水利知识和相关工作，有利于将科普教育放在重要位置，从而促进市民、游客了解水利，提供知识水平与文化素养。开发建设风景区，必然要维修加固和装饰水工建筑物、整理和修复历史文物、发掘和弘扬民族艺术，有利于保护文物；有利于强化海盐滨海古县的形象，提升海盐的知名度和美誉度，旅游者在休闲度假和游览中，与当地民众有较多的接触，将直接促进当地和外地的文化交流和信息传递；特别是"零碳屋"的建成，有利于促进国际交流，提升国际影响力。

2. 生态效益

风景区建设坚持生态优先，加大环境保护与生态建设的投入，有效控制环境污染与生态破坏；风景区的海塘工程、防洪排涝、白洋河湿地等水利工程以及水环境治理工程的实施，提高了防洪排涝能力，改善了水环境；风景区建设将缓解风景区保护与经济建设之间的矛盾，有利于绿水的保护，促进生态环境的保护、建设和发展；风景区建设将进行森林保育、动物栖息地保护，完善湿地生态系统，有效地保护生物多样性，维持自然生态的平衡。

3. 经济效益

根据相关资料统计，结合鱼鳞海塘水利风景区实际情况，该景区旅游人均消费基准年估算为50元，逐年人均消费估算递增5元。根据景区旅游市场规模预测的结果，鱼鳞海塘水利风景区经济效益详见表5-16。

表5-16　　　　　　　　　　鱼鳞海塘水利风景区经济效益表

| 阶段 | 年份 | 旅游者总数/万人次 | 旅游总收入/万元 |
|------|------|------------------|----------------|
| 近期 | 2017 | 134.056 | 7373.05 |
| | 2018 | 154.164 | 9249.83 |
| | 2019 | 177.289 | 11523.76 |
| | 2020 | 203.880 | 14271.76 |
| | 小　计 | | 42418.40 |
| 远期 | 2021 | 224.268 | 16820.10 |
| | 2022 | 246.695 | 19735.60 |
| | 2023 | 271.364 | 23065.94 |
| | 2024 | 298.500 | 26865.00 |
| | 2025 | 328.350 | 31193.25 |
| | 小　计 | | 117679.89 |
| 合计 | | 160098.29 | |

按表 5 - 16，到 2025 年末，鱼鳞海塘水利风景区旅游总营业收入为 160098.29 万元，而到 2024 年末，总营业收入为 128905.04 万元，按照旅游业一般规律，除去营业成本、营业费用、管理费用、税收等各项成本支出，旅游业的综合利润率一般可达 40% 以上，这里取 40%。

则从 2017 年初到 2024 年末 8 年间，该水利风景区旅游业净利润额为：128905.04×40%＝51562.02 万元。据此可以推算，在营运至 2024 年末，就可以完全收回投入成本，并且有一定的盈利。

## 5.3.10 风景区环境影响评价

### 5.3.10.1 对环境有利影响评价

1. 水工程环境影响评价

鱼鳞海塘水利风景区紧邻杭州湾，海塘堤防全部达到标准，景区涉及的河道为南台头河、白洋河，建造了 1 座南台头闸，所有水利工程项目均运行良好，各项运行指标均符合设计要求，运行管理规范，至今未发生安全事故。

总体来说，景区建设充分利用现有水利工程，整合水资源，营造园林式环境，优化开发周边区域的旅游资源，对工程结构本身不构成任何影响，水利功能如期发挥。从运行管理角度上讲，还强化了管理运行职能，对于安全管理运行无影响，确保工程发挥正常的防洪、排涝、改善水环境及旅游开发的综合效益。

2. 水质水量环境影响评价

水利行政主管部门高度重视水环境质量整治，对白洋河水系进行了沟通，水体岸线延伸拓展，水面积大幅增加，区域水质显著改善；通过截污、清淤，生态修复等一系列措施，使河道水质得到了很大提升，水体清澈。

风景区建成后，重点考虑水质及水体的保护，景区没有耗水型项目，景区所有垃圾、污水都采取有效措施，周边各种建筑污水、生活污水、外部地表径流，直接进入城市污水管网，禁止进入景区；在入河口区域设置相应的过滤性湿地，经过初步过滤，随后与湿地内水生植物群落接触，充分脱氮去磷，最后进入河道；区域内地表径流通过缓坡地形和生态植物群落、生态驳岸，一部分渗透至土壤，其余经过湿地进行水质净化，最后进入河道。

风景区范围内水体执行《地表水环境质量标准》（GB 3838—2002）Ⅲ类标准，符合景观娱乐用水要求。风景区的开发对于河水汇流没有任何影响，不会影响水量。因此，景区的开发对于景区本身的水质水量影响小，同时通过湿地治理等一系列措施，还将对景区水质起到改善的作用。

3. 水生态环境影响评价

风景区受季风影响显著，光照充足，降水充沛，气候条件优越，受外界干扰较少，景区内动植物种类丰富，可持续能力强。风景区构建的湿地水系形成多样的水体净化过程示范与展示；构建栖息地系统，吸引小型动物和鸟类栖息、觅食、驻足，提升生物多样性；构建植被体系，营造多样的植被群落和生境类型；构建科普教育展示体系，探索南方典型河流湿地生态特征，吸引人们开展活动、学习、认知。

风景区内所有的工程设施均经过科学研究精心设计,对人的行为活动也采取了一定的控制和引导措施,从而将对生态环境的影响减小到最少,较好地维持了景区内自然生态资源的完整性,也在一定程度上促进了区域生态体系的稳定和持续发展。同时,为改善旅游环境,开发时充分加强绿化苗木及水生植物的栽植,对于整体生态环境的保护可以起到积极的作用。在自然生态环境保护方面,景区建立了完善的保护体系,管理主体职责清晰,科学规划引导开发建设,日常管理专业规范,景区的生态环境得到了较好的维护,水生态的结构保持平衡,保证生态系统的完整性及稳定性,对景区水生态环境有促进改善作用。

4. 社会环境影响评价

鱼鳞海塘水利风景区开发建设过程中,以水利为主,规划、园林、旅游等部门共同参与。随着景区的开发和建设,景区是集水安全、水环境、水生态、水文化和水经济为一体的景观风光带。人们将更多地认识水,更多地知道水对自然环境、人类健康和环境资源的重要作用。景区通过建设水生动植物生态栖息地示范区、自然教育基地、旅游服务管理中心等为广大市民和游客提供旅游休憩、科普学习的场所。景区内科普教育、服务配套设施使游人在生态湿地休闲自娱中得到文化的熏陶和便利的服务,满足人们更高层次的精神需求。

风景区的开发对于水利工程设施的保护、水文化的弘扬及传播,形成系统的、完整的、协调发展的水景观建设,发挥了巨大的作用,改善了景区环境,给游人带来愉悦和健康,在带来景区自身发展的同时,也带来了良好的社会效益。

### 5.3.10.2 对环境不利影响评价

鱼鳞海塘水利风景区建设过程中,在其他建筑工程实施过程中,施工机械和施工活动会产生噪声、废气、扬尘、废水和固体废弃物等,这对周围大气环境、河道水环境等均会产生一定的影响。

1. 噪声影响

施工机械在施工期间会产生一定的施工噪声,这会对周围环境产生影响,但受影响的主要是施工人员。施工期的噪声随着施工活动的结束将自行消失,在运行期没有噪声影响问题。减少施工噪声影响可采取调整作业时间、改变作业方式等措施。

2. 废气和扬尘影响

施工机械在施工期间会产生一定的废气,施工活动中也会产生扬尘,这对周围大气环境有一定影响。但因施工机械废气排放强度一般很小,故可以认为其对周围大气环境基本不产生影响。同时,工地扬尘对大气影响的范围一般主要在工地扬尘点下风向 150m 内,工地道路扬尘影响的范围一般为道路两侧 50m 的区域。扬尘污染将对工地附近居民区及现场的施工人员造成一定的影响,其中受影响较大的主要是施工人员。为避免可能产生的扬尘影响,可对车辆行驶比较频繁的路面以及工地上所有裸露地面经常洒水,使其保持一定的湿度,并及时清运施工弃土弃渣、垃圾等。

3. 污废水和固体废弃物影响

施工活动中会产生一定的污废水和施工生活污水及施工弃土弃渣、垃圾等,处理不善时对施工作业区附近水体水质和周围环境会有一定的不利影响,但这种施工期的影响是短期的。做好污废水收集处理控制和施工弃土弃渣、垃圾的及时清运,施工引起的水质影响问题不大，对周围环境的影响也将很小。

### 5.3.10.3　环境影响评价

鱼鳞海塘水利风景区建设项目环境效益明显，水资源保护、生态修复及其他水利工程既是环境工程和防洪工程，也有利于增强风景区防洪抗灾能力。工程实施后，区域水环境进一步得到加强，这不仅有利于改善区域的水利环境和生态环境，而且有利于改善人居环境和投资环境质量，对塑造和提升当地形象，促进地区经济社会的可持续发展具有十分重要的意义。风景区在建设施工期对局部区域水体、环境空气和噪声环境将产生一些不利影响，但这些影响是局部的和暂时的，通过采取适当的工程措施和管理措施后，可以将不利影响降到最低限度。

综上所述，鱼鳞海塘水利风景区建设项目从环境保护角度分析，项目是可行的。

## 5.3.11　实施保障

### 5.3.11.1　政策制度保障

#### 1. 健全水资源保护规划体系

做到有法可依、有章可循，健全执法机构，壮大执法人员队伍，增强执法力度，做到执法必严，违法必究。同时规范执法程序，公开透明地按章办事，体现旅游执法中的公正性。

#### 2. 加强相关法律宣传教育

提高执法者和旅游行业从业人员和当地居民的法律意识，让人们充分认识旅游环境的重要性，认识到人与自然、人与生物、人与环境的关系，自觉遵守、执行相关法律法规。将旅游资源的开发、旅游环境的保护和旅游行业的关系全面协调地处理，才能有效推动当地社会经济的健康持续发展，才能真正做到经济效益、环境效益和社会效益的统一。

#### 3. 科学规划，合理开发

进行旅游开发必须进行总体规划，从生态学角度对旅游环境容量，旅游设施的规模、位置、体量、色彩、材料等方面进行合理控制，对不同功能分区进行不同层次的规划开发要求。坚持全面、多角度、多层次的审查机制，通过在开发前期重规划，开发中期重反馈，开发后期重审查的工作方式，尽量减少其对自然环境的损害。

#### 4. 鼓励社区参与

旅游的发展不仅要突出经济效益，更要注重社会效益，保障群众利益。在旅游开发活动中，当地居民的参与热情有利于推动当地旅游业的发展，以当地的自然资源、乡村环境、农业生产特色和乡土文化为基础，通过精心整理提炼，规划布局设计，加上一系列配套服务，为游客提供一套完整的生态人文旅游体系，让游客在观光、度假、休闲过程中也增加对当地的了解。

### 5.3.11.2　管理体制保障

#### 1. 景区管理体制改革

水利风景区的建设涉及多个部门的协作，因此建议设鱼鳞海塘水利风景区管理单位。风景区保护及开发的工程项目、旅游商品的开发、生产和销售，旅游接待中的餐饮及住宿，以及治安、环保都应纳入管理审批之中。

### 2. 整顿和规范旅游市场

统一部署，制定整顿和规范风景区旅游工作方案，对风景区旅游市场秩序进行治理整顿。组织力量对风景区周边饭店进行走访，尤其在旅游黄金时期，更要加强现场执法力度，严厉查处非法经营、超范围经营、欺客宰客等严重扰乱旅游市场秩序的违法行为；并及时受理和处理旅游投诉，为风景区旅游业的健康发展创造良好的环境。

### 3. 风景区安全管理

做好旅游安全管理宣传工作，提高行业旅游安全意识，定期进行旅游安全管理培训，采取笔试制进行考核。组织人力构建旅游综合执法队，对旅游景点、饭店进行严格检查，从而确保各项旅游活动安全有序地进行。

#### 5.3.11.3 资金保障

##### 1. 加大政府投入

将旅游业发展纳入海盐县国民经济发展计划，统筹安排、协调发展，保证必要的旅游业财政性资金投入。政府对旅游业的投入主要包括：与旅游业发展相关的外部条件改善所需要的基础设施建设投入；旅游景区环境整治与建设；与旅游业发展相关的生态环境改善与整治工程。

##### 2. 做好招商引资

打开合资经营、独资经营等渠道，出台优惠政策，互惠互利，引进各种合法资金，并坚持"谁投资、谁收益"的原则，广泛吸引社会各界、外来资金的投入，积极发展旅游民营经济，参与旅游开发建设、服务接待设施建设、基础设施建设，以及环境保护设施建设，推动旅游及相关产业的发展。遵循市场经济客观规律，多形式、多渠道筹集旅游产业发展所需要的资金，制定优惠的投资政策。

##### 3. 争取金融支持

水利风景区的建设过程中不仅维护了水生态环境，保障了水生态安全，同时也进一步对周边的生态环境进行了保护，也为当地居民提供了一个良好的生活环境，可以说水利风景区的建设是福泽后代的。因此水利风景区建设中的资金可以申请公益性质的银行借贷，以保证建设资金的充足。此外，还应积极申请各项专项基金为风景区的发展注入新的动力。

#### 5.3.11.4 人才保障

##### 1. 建立考核指标体系，明确岗位职责

水利风景区要执行部门负责制和岗位责任制，建立考核指标体系，明确岗位职责，实行任期目标责任制，根据完成的目标进行适当的奖励和惩罚。实行岗位聘任制，精兵简政，让那些政治思想素质高、业务能力强、工作经验丰富、管理水平较高、学有所长的年富力强的优秀工作者通过考核、考试、竞争的办法录用，充实到保护区工作的各个岗位上。

##### 2. 建立岗位培训制度，制定培训计划

加强保护区各级、各类、各层次工作人员的政治素质、文化素质、法律知识、业务能力的培训与考核，不断提高干部职工的综合水平和能力。对新录用的职工，在上岗前必须进行岗位培训，考试合格方可到相应的岗位上工作，对那些专业技术性较强的工作岗位，

必须持有国家或行业上岗证书上岗，杜绝无证上岗现象。加强风景区导游队伍的建设，为游客提供全面的导游服务，进一步提高服务水平。

3. 建立人才激励之都，积极引进人才

通过各种激励政策以聘任或调动等方式，把学有专长、善管理、素质好、水平高、经验丰富的人才引进到风景区。尊重知识、尊重人才，充分调动各级各类人员的积极性，做到人尽其才。对工作突出、业绩显著、热爱工作的单位和个人予以相应的奖励和重用，使风景区人事劳动管理科学化、高效化、规范化、制度化。